하루를 준비하는

아침 5분수학

계산편

아침5분수학(계산편)의 소개

스스로 알아서 하는 아침5분수학으로 기운찬 하루를 보내자!!!
매일 아침, 아침 밥을 먹으면 하루를 건강하게 보낼 수 있습니다.
마찬가지로, 매일 아침 5분의 계산 연습은 기운찬 하루를 보내게해 줄 것입니다.
매일 아침의 훈련으로 공부에 눈을 뜨는 버릇이 몸에 배게 되어,
스스로 공부하는 습관이 생기게 됩니다.
읽는 습관과 쓰는 습관으로 하루를 계획하고,
준비해서 매일 아침을 상쾌하게 시작하세요.

아침5분수학(계산편)의 활용

1. 아침 학교 가기전 집에서 하루를 준비하세요.
2. 등교후 1교시 수업전 학교에서 풀고, 수업 준비를 완료하세요.
3. 수학시간 전 휴식시간에 수학 수업 준비 마무리용으로 활용 하세요.
4. 학년별 학기용으로 이해하기 쉬운 내용으로 구성되어 학기 시작전 예습용이나 단기 복습용으로 활용하세요.
5. 계산력 연습용과 하루 일과 준비를 할 수 있는 이 교재로 몇달 후 달라진 모습을 기대 하세요.

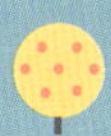

꿈을 향한 나의 목표

나는　　　　　　(하)고　　　　　　한

(이)가 될거예요!

공부의 목표

예체능의 목표

생활의 목표

건강의 목표

 **공부**의 목표를 달성하기 위해

1.

2.

3.

할거예요.

예체능의 목표를 달성하기 위해

1.

2.

3.

할거예요.

 **생활**의 목표를 달성하기 위해

1.

2.

3.

할거예요.

 **건강**의 목표를 달성하기 위해

1.

2.

3.

할거예요.

나의 목표를 꼼꼼히 세우고, 목표를 달성하기위해 노력해요^^

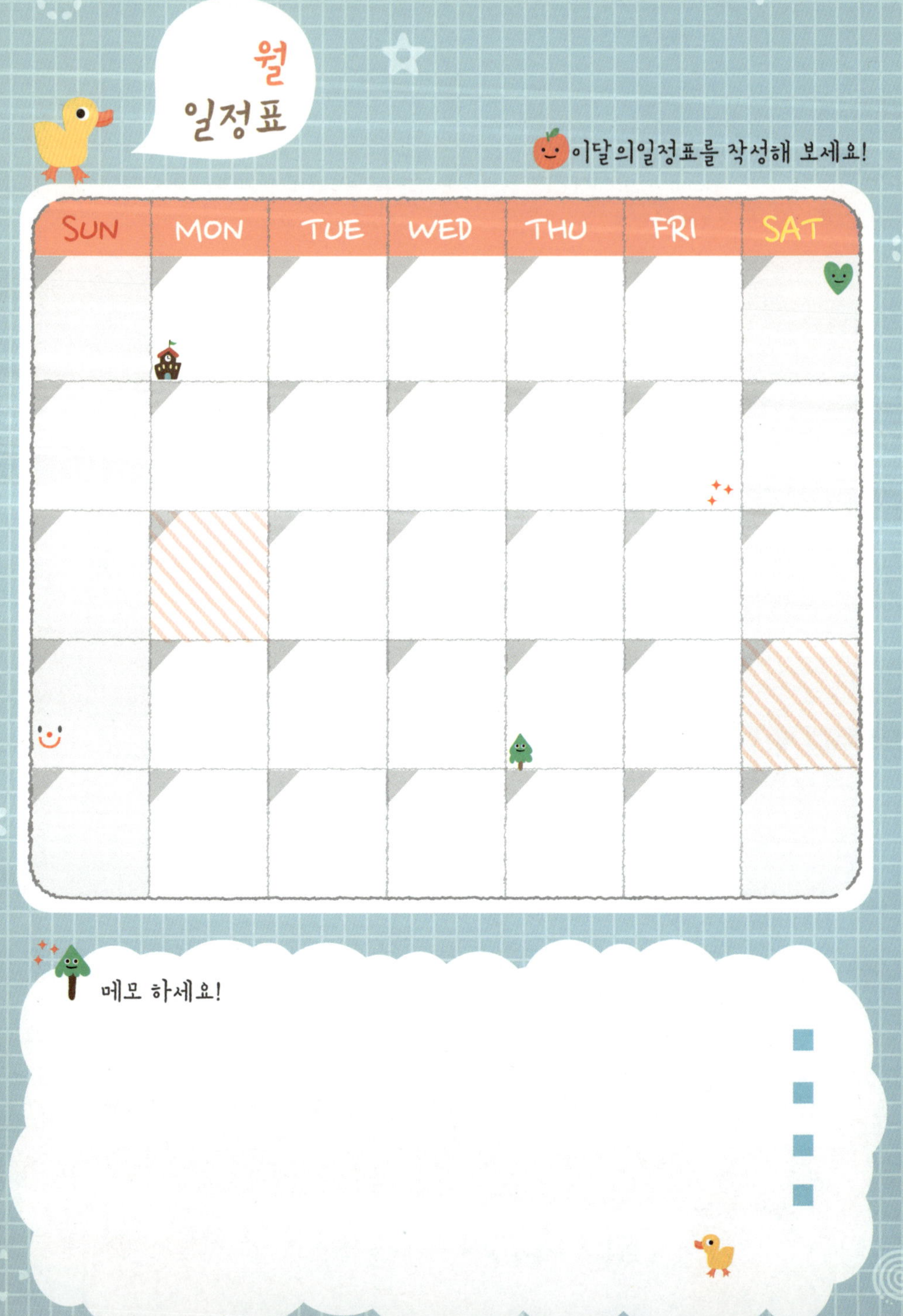
월
일정표
이달의일정표를 작성해 보세요!
SUN MON TUE WED THU FRI SAT
메모 하세요!

일주일 일기장

일요일 저녁에 적으세요.

[ ] 월 [ ] 일

| 재미있었던 과목 | 친하게 지낸 친구 | 하고 싶은 일 | 잘 못한 일 |

기억에 남는 일

다음주 각오

[ ] 월 [ ] 일

| 재미있었던 과목 | 친하게 지낸 친구 | 하고 싶은 일 | 잘 못한 일 |

기억에 남는 일

다음주 각오

[ ] 월 [ ] 일

| 재미있었던 과목 | 친하게 지낸 친구 | 하고 싶은 일 | 잘 못한 일 |

기억에 남는 일

다음주 각오

[ ] 월 [ ] 일

| 재미있었던 과목 | 친하게 지낸 친구 | 하고 싶은 일 | 잘 못한 일 |

기억에 남는 일

다음주 각오

SUN	MON	TUE	WED	THU	FRI	SAT

메모 하세요!

일주일 일기장

일요일 저녁에 적으세요.

[   ]월 [   ]일

| 재미있었던 과목 | 친하게 지낸 친구 | 하고 싶은 일 | 잘 못한 일 |

기억에 남는 일

다음주 각오

[   ]월 [   ]일

| 재미있었던 과목 | 친하게 지낸 친구 | 하고 싶은 일 | 잘 못한 일 |

기억에 남는 일

다음주 각오

[   ]월 [   ]일

| 재미있었던 과목 | 친하게 지낸 친구 | 하고 싶은 일 | 잘 못한 일 |

기억에 남는 일

다음주 각오

[   ]월 [   ]일

| 재미있었던 과목 | 친하게 지낸 친구 | 하고 싶은 일 | 잘 못한 일 |

기억에 남는 일

다음주 각오

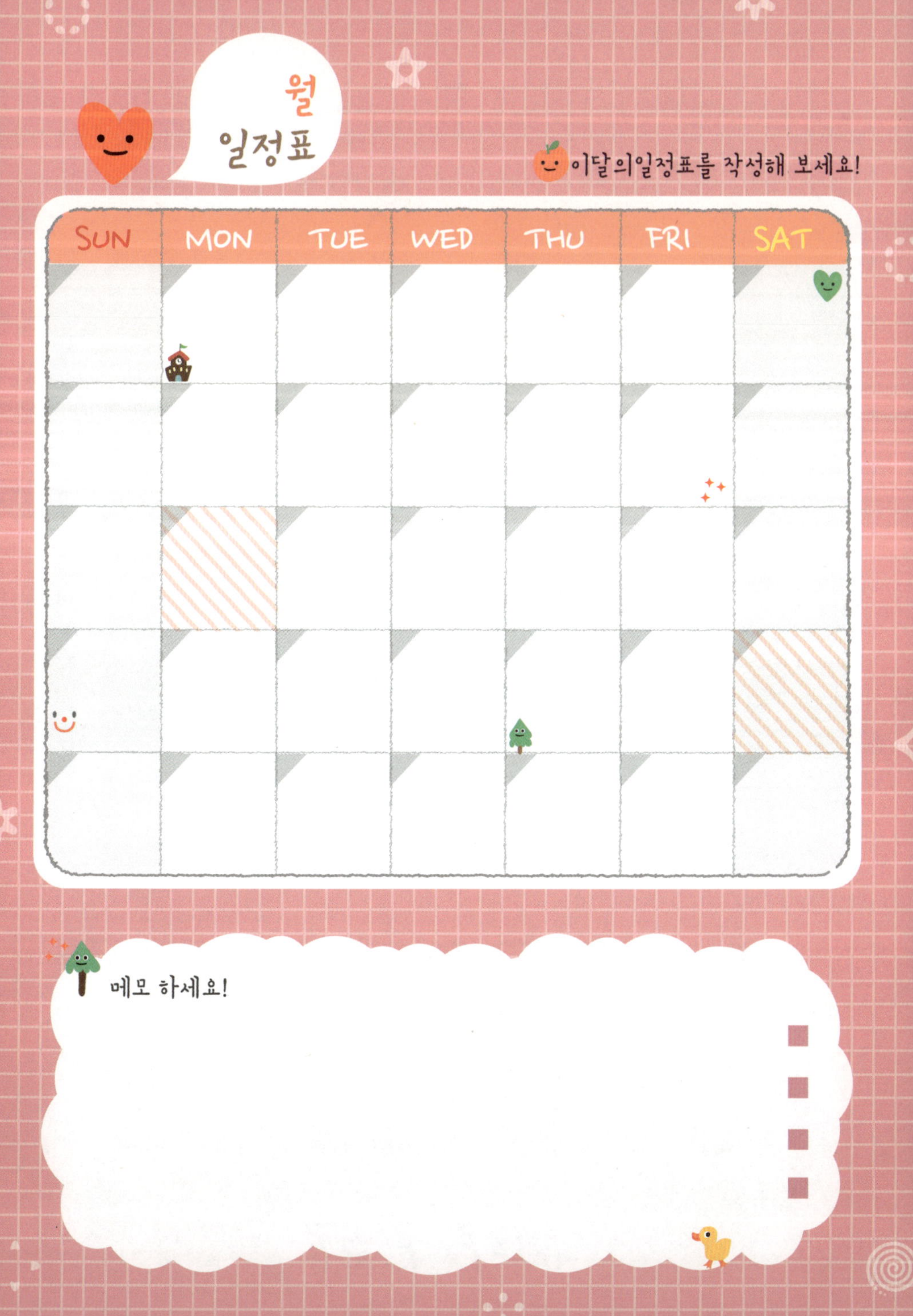
월
일정표
이달의일정표를 작성해 보세요!
SUN
MON
TUE
WED
THU
FRI
SAT
메모 하세요!

일주일 일기장

일요일 저녁에 적으세요.

[   ]월 [   ]일

재미있었던 과목　　친하게 지낸 친구　　하고 싶은 일　　잘 못한 일

기억에 남는 일

다음주 각오

[   ]월 [   ]일

재미있었던 과목　　친하게 지낸 친구　　하고 싶은 일　　잘 못한 일

기억에 남는 일

다음주 각오

[   ]월 [   ]일

재미있었던 과목　　친하게 지낸 친구　　하고 싶은 일　　잘 못한 일

기억에 남는 일

다음주 각오

[   ]월 [   ]일

재미있었던 과목　　친하게 지낸 친구　　하고 싶은 일　　잘 못한 일

기억에 남는 일

다음주 각오

아침5분수학 (계산편)의 차례 1학년 2학기

공부한 날		일차	페이지	내용
월	일	01	13	100까지의 수 (1)
월	일	02	15	100까지의 수 (2)
월	일	03	17	100까지의 수 (3)
월	일	04	19	100까지의 수 (4)
월	일	05	21	더 큰 수와 더 작은 수 (1)
월	일	06	23	더 큰 수와 더 작은 수 (2)
월	일	07	25	규칙 찾기
월	일	08	27	더 큰 수와 더 작은 수 (연습1)
월	일	09	29	더 큰 수와 더 작은 수 (연습2)
월	일	10	31	더하기 (연습1)
월	일	11	33	빼기 (연습1)
월	일	12	35	10을 두 수로 가르기
월	일	13	37	10을 가르기, 모으기 (연습1)
월	일	14	39	10을 가르기, 모으기 (연습2)
월	일	15	41	세 수의 계산
월	일	16	43	세 수의 덧셈
월	일	17	45	세 수의 계산 (연습1)
월	일	18	47	세 수의 계산 (연습2)
월	일	19	49	몇십 + 몇십
월	일	20	51	몇십 + 몇
월	일	21	53	몇십 몇 + 몇
월	일	22	55	몇십 몇 + 몇십 몇
월	일	23	57	몇십의 덧셈 (연습1)
월	일	24	59	몇십의 덧셈 (연습2)
월	일	25	61	몇십 - 몇십
월	일	26	63	몇십 몇 - 몇
월	일	27	65	몇십 몇 - 몇십 몇
월	일	28	67	몇십의 뺄셈 (연습1)
월	일	29	69	몇십의 뺄셈 (연습2)
월	일	30	71	몇십 + 몇

(부록) 집중 계산력 연습 8회분

1회분이 앞면, 뒷면으로 되어 있습니다.

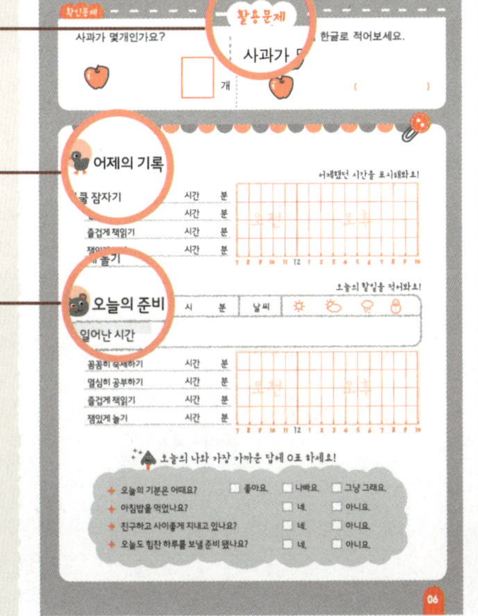

앞장

1. 그날 학습할 내용을 소리 내 읽습니다.

2. 그다음 소리 내 읽으며 계산 연습을 합니다.
   계산을 시작하기 전,시계로 시간을 잽니다.

3. 끝났으면, 걸린 시간을 적습니다.

4. 스스로 답을 맞히고, 맞힌 개수를 써넣습니다.
   틀린 문제는 다시 풀어봅니다.

뒷장

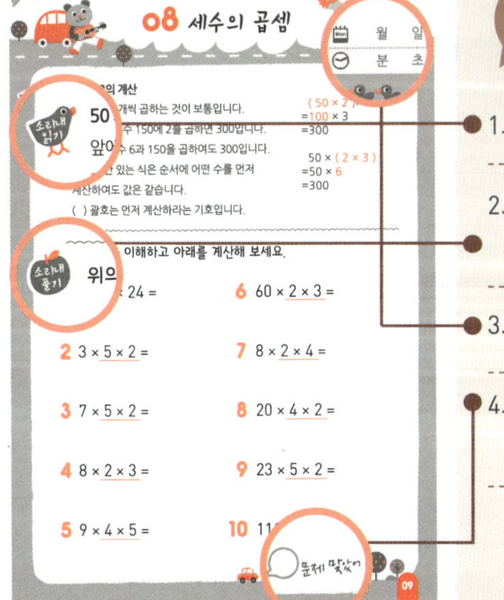

5. 다음 장에서는 확인문제와 활용문제로
   반복 학습을 합니다.

6. 어제의 기록에 어제 잠잔 시간,
   공부한 시간 등을 표시합니다.
   해당시간에 색칠하면 됩니다.

7. 어제의 기록으로 반성하고
   오늘의 준비에 오늘을 활기차게 보낼 수
   있도록 빈칸에 계획을 적습니다.

01 100까지의 수(1)

10개 몇 묶음, 낱개 몇 개

10개 묶음이 4개 있고,
낱개가 3개 있으면 모두 43이 됩니다.
10개씩 묶음의 수를 읽은 다음 '십'을
붙인 후 낱개의 수를 붙입니다.

10개 묶음 4개 = 4십 ┐ 43이라 쓰고
낱개 3개 = 3 ┘ 사십삼, 마흔셋이라 읽습니다.

40   3
43

10=열, 20=스물, 30=서른, 40=마흔, 50=쉰 으로 읽을 때는 낱개를 하나, 둘, 셋... 으로 읽습니다.

 아래 그림을 보고, 몇개인지 ☐ 안에 알맞은 수를 적어 보세요.

1 10 ☐ 개

5 10 10 10 ☐ 개

2 10 ☐ 개

6 10 10 10 ☐ 개

3 10 10 ☐ 개

7 10 10 10 10 ☐ 개

4 10 10 ☐ 개

8 10 10 10 10 ☐ 개

 **tip** 21을 읽을 때 스물하나라고 하지, 이십하나라고 읽지 않습니다.

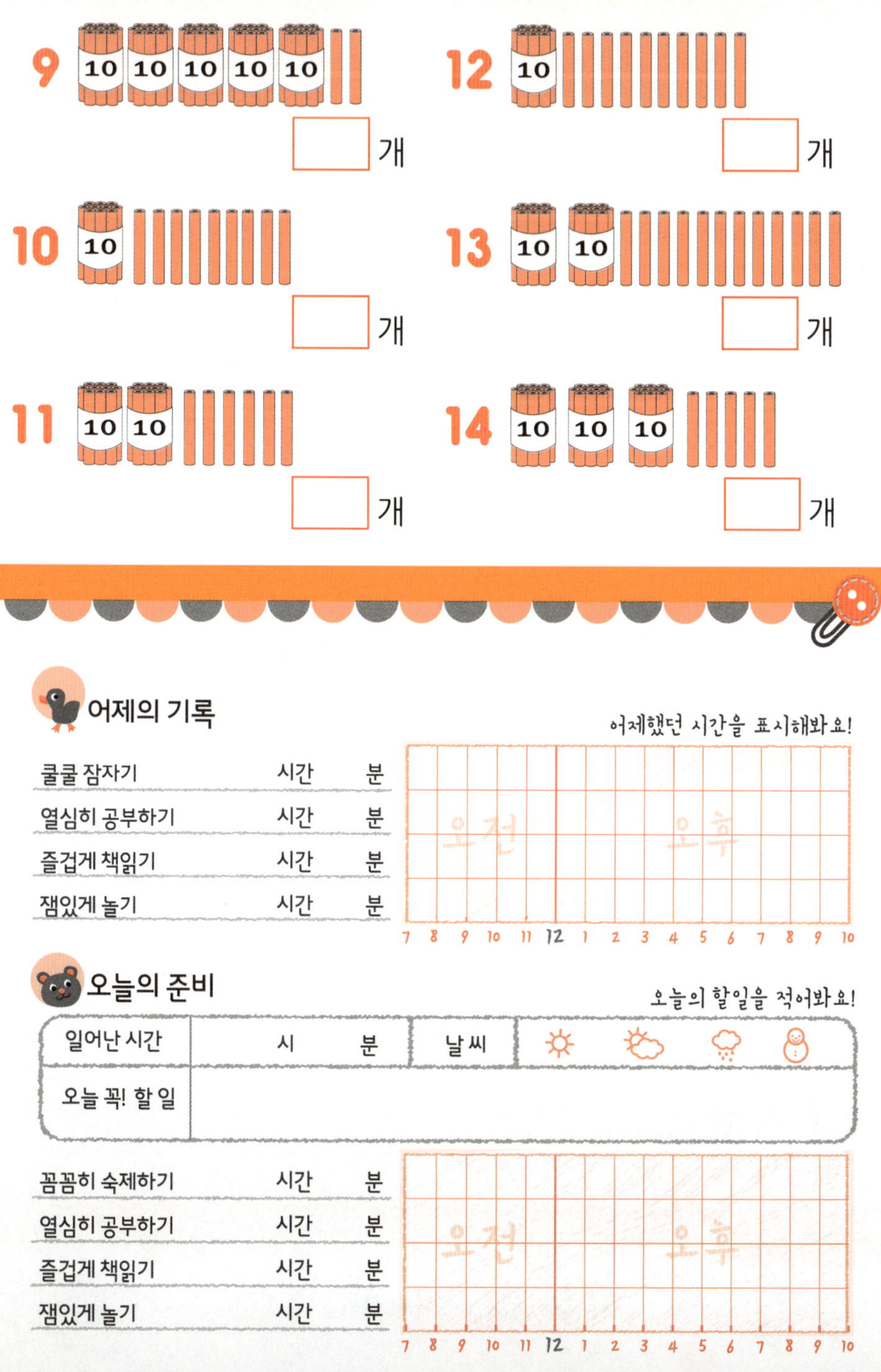

9 10 10 10 10 10 ⎿◯ 개

12 10 ⎿◯ 개

10 10 ⎿◯ 개

13 10 10 ⎿◯ 개

11 10 10 ⎿◯ 개

14 10 10 10 ⎿◯ 개

어제의 기록

어제했던 시간을 표시해봐요!

쿨쿨 잠자기	시간	분
열심히 공부하기	시간	분
즐겁게 책읽기	시간	분
잼있게 놀기	시간	분

오전 오후

7 8 9 10 11 12 1 2 3 4 5 6 7 8 9 10

오늘의 준비

오늘의 할일을 적어봐요!

일어난 시간	시	분	날씨	☀ ⛅ 🌧 ⛄
오늘 꼭! 할 일				

꼼꼼히 숙제하기	시간	분
열심히 공부하기	시간	분
즐겁게 책읽기	시간	분
잼있게 놀기	시간	분

오전 오후

7 8 9 10 11 12 1 2 3 4 5 6 7 8 9 10

02 100까지의 수(2)

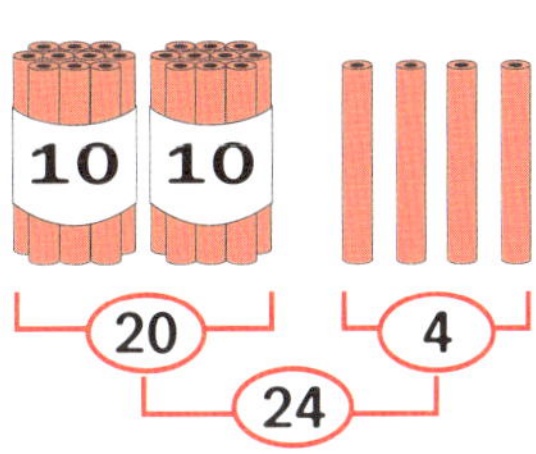

소리내 읽기

24는
10개 묶음이 2개이고, 낱개(1개짜리)가 4개입니다.
10개 묶음이 5개 있고, 낱개가 3개 있으면
53입니다.
10개 묶음이 0개이고, 낱개가 5개면 5입니다.
47은 10개 묶음이 4개이고, 낱개가 7개입니다.

소리내 풀기

☐ 안에 알맞은 수를 적으세요.

1 10개 묶음 1개, 낱개 7개면 ☐ 입니다.

2 10개 묶음 3개, 낱개 6개면 ☐ 입니다.

3 10개 묶음 2개, 낱개 2개면 ☐ 입니다.

4 23은 10개 묶음 ☐ 개, 낱개가 ☐ 개 입니다.

5 34는 10개 묶음 ☐ 개, 낱개가 ☐ 개 입니다.

6 46은 10개 묶음 ☐ 개, 낱개가 ☐ 개 입니다.

7 9는 10개 묶음 ☐ 개, 낱개가 ☐ 개 입니다.

tip 낱개 10개는 10개묶음 1개와 같습니다.

12문제 중 ☐문제 맞았어!

8 10개 묶음 5개, 낱개 0개면 ☐ 입니다.

9 10개 묶음 0개, 낱개 6개면 ☐ 입니다.

10 10개 묶음 0개, 낱개 10개면 ☐ 입니다.

11 40은 10개 묶음 ☐ 개, 낱개가 ☐ 개입니다.

12 50은 10개 묶음 4개와 낱개 ☐ 개입니다.

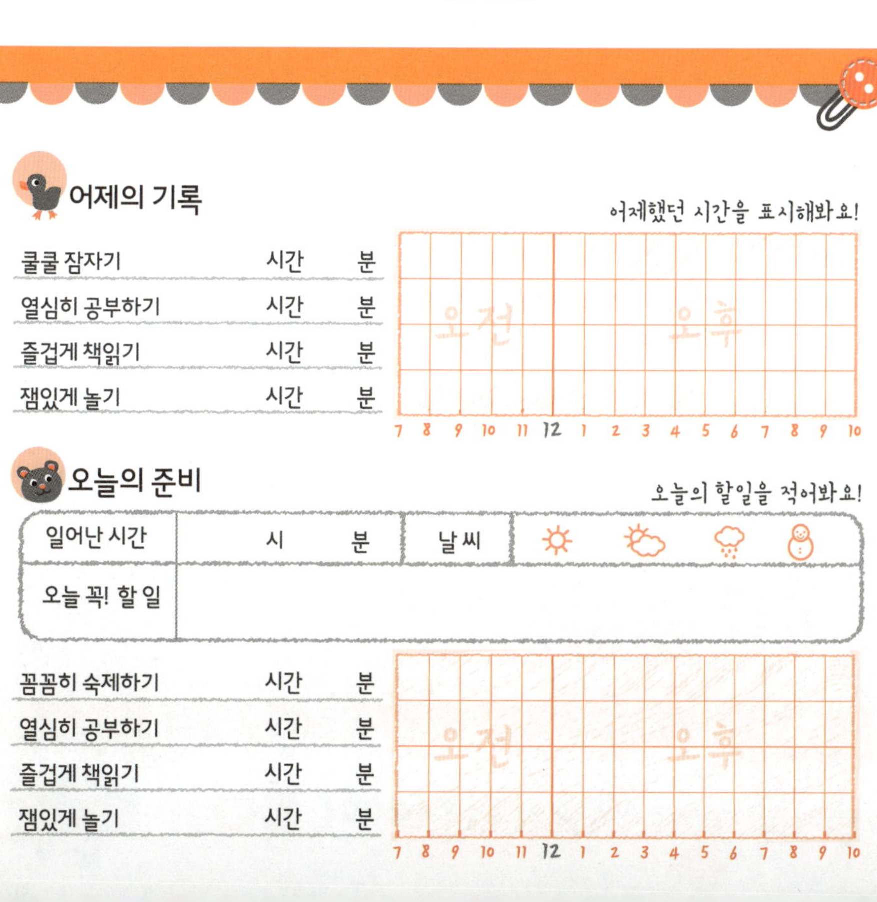

어제의 기록

어제했던 시간을 표시해봐요!

쿨쿨 잠자기	시간	분
열심히 공부하기	시간	분
즐겁게 책읽기	시간	분
잼있게 놀기	시간	분

오늘의 준비

오늘의 할일을 적어봐요!

일어난 시간	시	분	날 씨				
오늘 꼭! 할 일							

꼼꼼히 숙제하기	시간	분
열심히 공부하기	시간	분
즐겁게 책읽기	시간	분
잼있게 놀기	시간	분

03 100까지의 수(3)

10개 몇 묶음, 낱개 몇 개

10개 묶음이 6개 있고,

낱개가 5개 있으면 모두 65가 됩니다.

10개 묶음 6개 = 6십 ┐ 65라 쓰고

낱개 5개 = 5 ┘ 육십오, 예순다섯 이라 읽습니다.

60=예순, 70=일흔, 80=여든, 90=아흔 으로 읽을 때는 낱개를 하나, 둘, 셋,... 으로 읽습니다.

아래 그림을 보고, 몇개인지 ☐ 안에 알맞은 수를 적어 보세요.

1 ☐ 개

2 ☐ 개

3 ☐ 개

4 ☐ 개

5 ☐ 개

6 ☐ 개

7 ☐ 개

8 ☐ 개

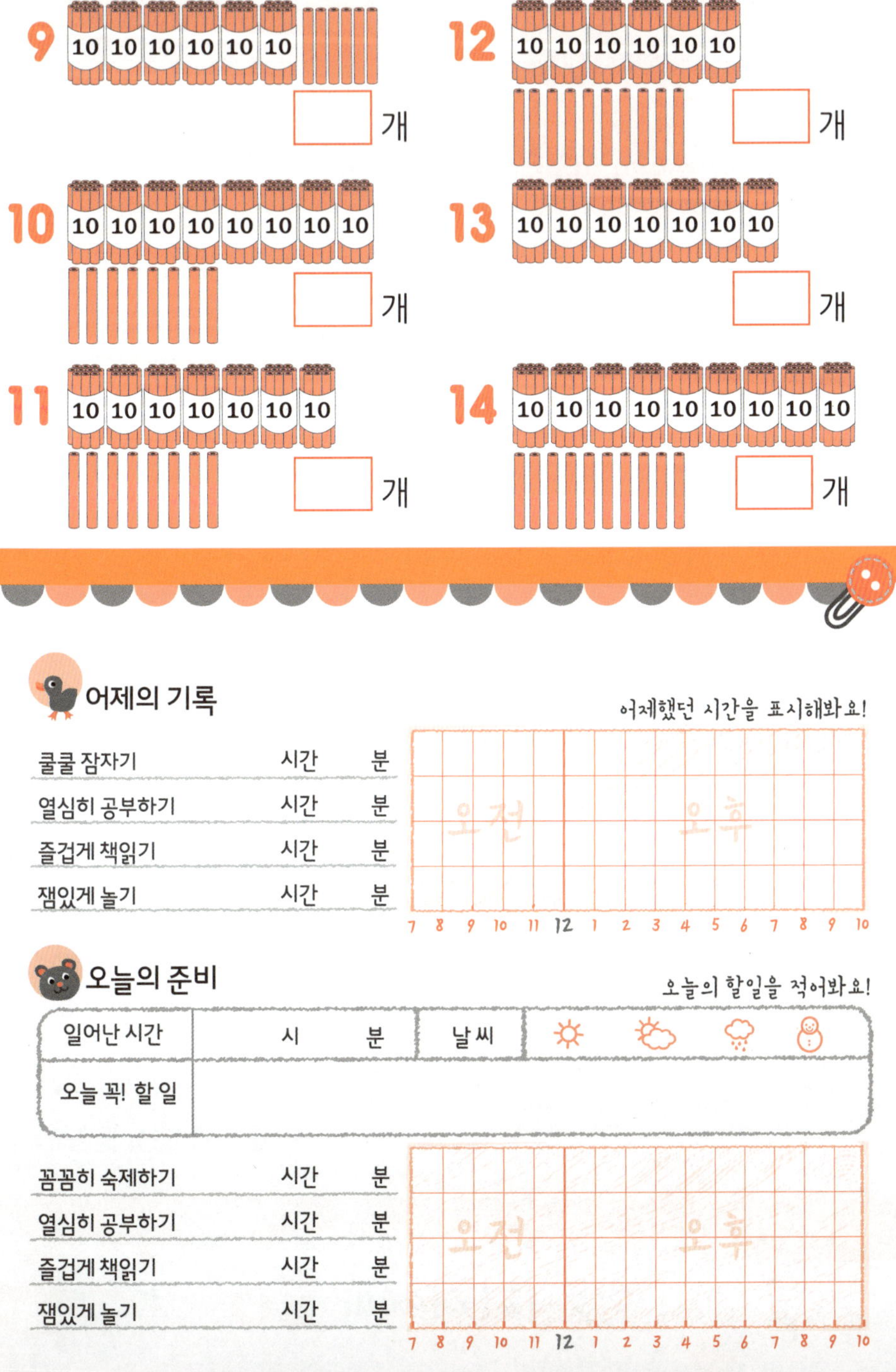

어제의 기록

어제했던 시간을 표시해봐요!

쿨쿨 잠자기	시간	분
열심히 공부하기	시간	분
즐겁게 책읽기	시간	분
잼있게 놀기	시간	분

오전　오후

7 8 9 10 11 12 1 2 3 4 5 6 7 8 9 10

오늘의 준비

오늘의 할일을 적어봐요!

일어난 시간	시	분	날씨	☀ ☁ ☂ ⛄
오늘 꼭! 할일				

꼼꼼히 숙제하기	시간	분
열심히 공부하기	시간	분
즐겁게 책읽기	시간	분
잼있게 놀기	시간	분

오전　오후

7 8 9 10 11 12 1 2 3 4 5 6 7 8 9 10

04 100까지의 수(4)

67은
10개 묶음이 6개, 낱개(1개짜리)가 7개입니다.
10개 묶음이 8개 있고, 낱개가 4개 있으면
84입니다.
10개 묶음이 9개이고, 낱개가 0개 이면 90입니다.
76은 10개 묶음이 7개이고, 낱개가 6개입니다.

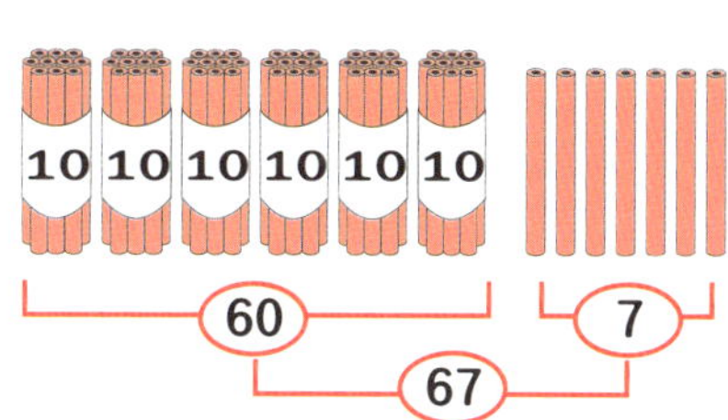

네모 안에 알맞은 수를 적으세요.

1 10개 묶음 6개, 낱개 3개면 ☐ 입니다.

2 10개 묶음 7개, 낱개 2개면 ☐ 입니다.

3 10개 묶음 8개, 낱개 6개면 ☐ 입니다.

4 78은 10개 묶음 ☐ 개, 낱개가 ☐ 개입니다.

5 81은 10개 묶음 ☐ 개, 낱개가 ☐ 개입니다.

6 92는 10개 묶음 ☐ 개, 낱개가 ☐ 개입니다.

7 80은 10개 묶음 ☐ 개, 낱개가 ☐ 개입니다.

8 10개 묶음 7개, 낱개 0개면 ☐ 입니다.

9 10개 묶음 6개, 낱개 10개면 ☐ 입니다.

10 10개 묶음 0개, 낱개 80개면 ☐ 입니다.

11 90은 10개 묶음 ☐ 개, 낱개가 ☐ 개입니다.

12 100은 10개 묶음 9개와 낱개 ☐ 입니다.

어제의 기록

어제했던 시간을 표시해봐요!

쿨쿨 잠자기	시간	분
열심히 공부하기	시간	분
즐겁게 책읽기	시간	분
잼있게 놀기	시간	분

오전 · 오후

7 8 9 10 11 12 1 2 3 4 5 6 7 8 9 10

오늘의 준비

오늘의 할일을 적어봐요!

일어난 시간	시	분	날 씨	☀ ⛅ 🌧 ⛄
오늘 꼭! 할일				

꼼꼼히 숙제하기	시간	분
열심히 공부하기	시간	분
즐겁게 책읽기	시간	분
잼있게 놀기	시간	분

오전 · 오후

7 8 9 10 11 12 1 2 3 4 5 6 7 8 9 10

05 더 큰수와 더 작은수(1)

50에서 3 더 큰수는 53입니다.(오른쪽으로 1칸 이동할때 1씩 커집니다.)

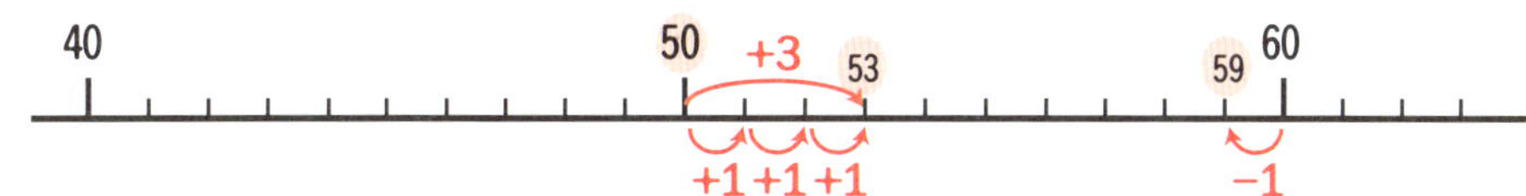

50에서 1큰수는 51이고, 51에서 1큰수는 52이고, 52에서 1큰수는 53입니다. 60에서 1작은수는 59입니다.
50에서 3큰수는 53이고, 50과 53 사이에 있는 수는 51과 52입니다 (50,51,52,53)

☐안에 알맞은 수를 적으세요. (위의 그림을 보면서 풀어보세요)

1 40에서 1 큰 수는 ☐ 입니다.

2 41에서 1 큰 수는 ☐ 입니다.

3 40에서 2 큰 수는 ☐ 입니다.

4 53에서 1 큰 수는 ☐ 입니다.

5 50에서 4 큰 수는 ☐ 입니다.

6 60에서 3 큰 수는 ☐ 입니다.

7 60 + 3 = ☐ 입니다.

8 50에서 1 작은 수는 ☐ 입니다.

9 49에서 1 작은 수는 ☐ 입니다.

10 50에서 2 작은 수는 ☐ 입니다.

11 50 − 2 = ☐ 입니다.

tip 더 큰 수는 더하기, 더 작은 수는 빼기를 한 값과 같습니다.

80 ... **90** ... **100**

12 90에서 3이 더 크면 ☐ 이고, 3이 더 작으면 ☐ 입니다.

13 80에서 2가 더 크면 ☐ 이고, 4가 더 크면 ☐ 입니다.

14 100에서 10이 더 작으면 ☐ 입니다.

15 89에서 2가 더 크면 ☐ 입니다.

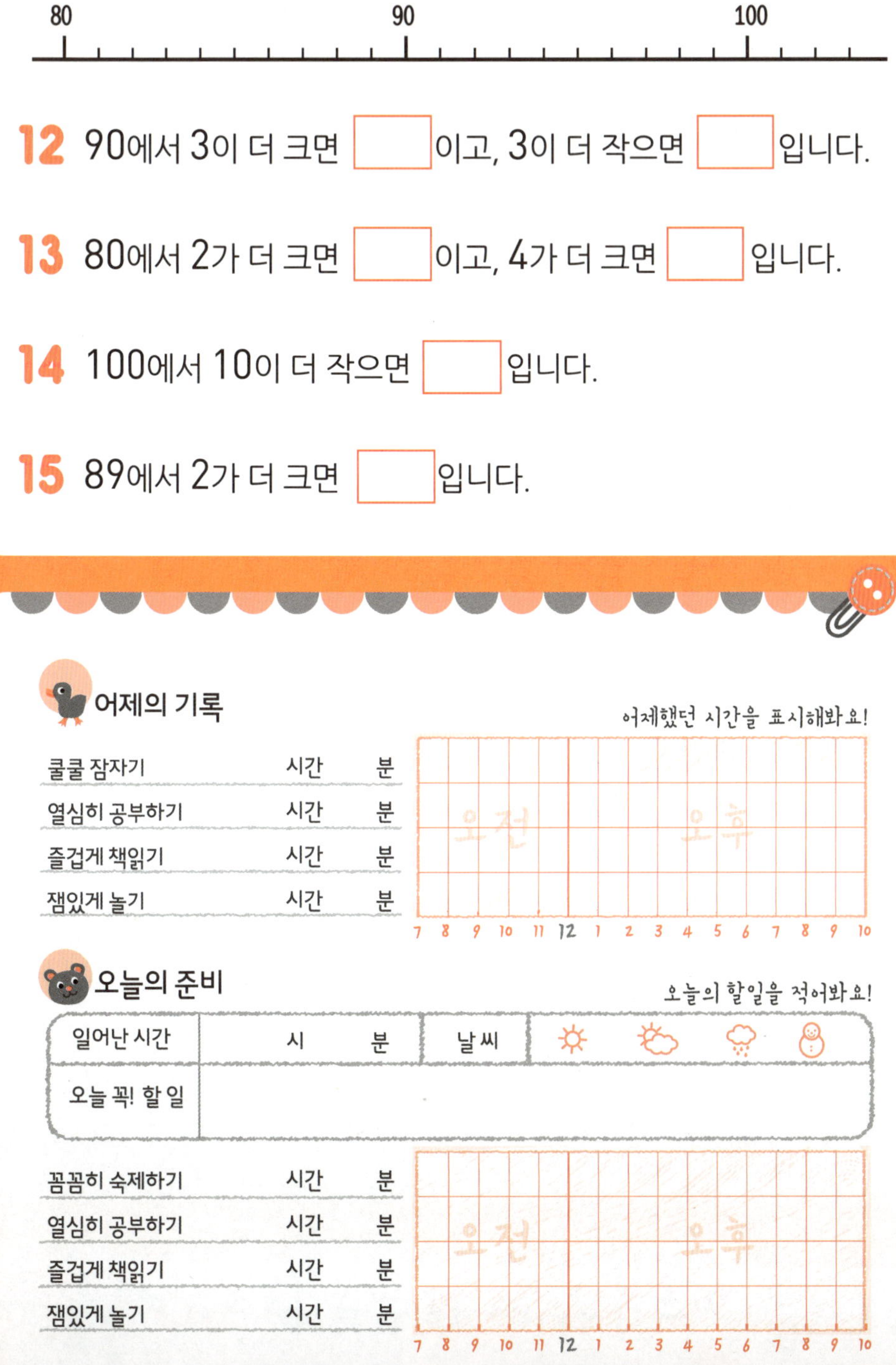

어제의 기록

어제했던 시간을 표시해봐요!

쿨쿨 잠자기	시간	분
열심히 공부하기	시간	분
즐겁게 책읽기	시간	분
잼있게 놀기	시간	분

오전 / 오후
7 8 9 10 11 12 1 2 3 4 5 6 7 8 9 10

오늘의 준비

오늘의 할일을 적어봐요!

일어난 시간	시	분	날씨	☀ ⛅ 🌧 ⛄
오늘 꼭! 할일				

꼼꼼히 숙제하기	시간	분
열심히 공부하기	시간	분
즐겁게 책읽기	시간	분
잼있게 놀기	시간	분

오전 / 오후
7 8 9 10 11 12 1 2 3 4 5 6 7 8 9 10

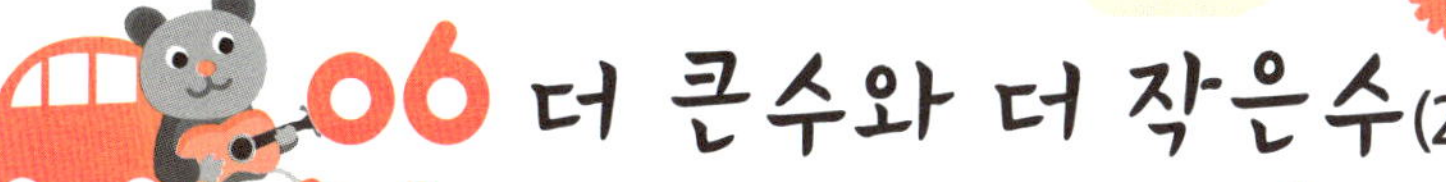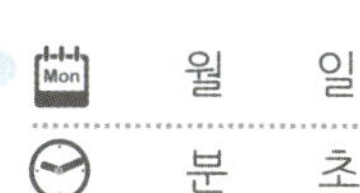

06 더 큰 수와 더 작은 수 (2)

57과 53 중 더 큰 수는

① 10개씩 묶음의 수(십의 자리)끼리 비교해 큰 수가 크고

② 10개씩 묶음의 수가 같다면, 일의 자리가 큰 수가 더 큽니다.

57과 53의 십의 자리는 5로 같고, 일의 자리에서 7이 3보다 더 크기 때문에 57이 53보다 더 큽니다.

57	43	더 큰 수	57
57	53	더 큰 수	57
57	63	더 큰 수	63

두 수를 비교하여 □ 안에 알맞은 수를 적으세요.

1 17 | 19 더 큰 수 ☐

7 17 | 19 더 작은 수 ☐

2 17 | 29 더 큰 수 ☐

8 17 | 29 더 작은 수 ☐

3 39 | 29 더 큰 수 ☐

9 39 | 29 더 작은 수 ☐

4 41 | 40 더 큰 수 ☐

10 25 | 26 더 작은 수 ☐

5 59 | 52 더 큰 수 ☐

11 49 | 52 더 작은 수 ☐

6 62 | 68 더 큰 수 ☐

12 99 | 90 더 작은 수 ☐

tip 더해서 나오게 되는 수가 더 큰 수입니다. 27+2=29 (29가 27보다 더 큽니다.)

22문제 중 ☐문제 맞았어!

13	42	35	더 큰 수	
14	57	62	더 큰 수	
15	63	71	더 큰 수	
16	72	91	더 큰 수	
17	99	98	더 큰 수	

18	83	38	더 작은 수	
19	98	89	더 작은 수	
20	79	97	더 작은 수	
21	56	61	더 작은 수	
22	99	100	더 작은 수	

 어제의 기록

어제했던 시간을 표시해봐요!

쿨쿨 잠자기	시간	분
열심히 공부하기	시간	분
즐겁게 책읽기	시간	분
잼있게 놀기	시간	분

오전 / 오후

7 8 9 10 11 12 1 2 3 4 5 6 7 8 9 10

오늘의 준비

오늘의 할일을 적어봐요!

일어난 시간	시	분	날 씨				
오늘 꼭! 할일							

꼼꼼히 숙제하기	시간	분
열심히 공부하기	시간	분
즐겁게 책읽기	시간	분
잼있게 놀기	시간	분

오전 / 오후

7 8 9 10 11 12 1 2 3 4 5 6 7 8 9 10

07 규칙찾기

수의 규칙을 이해하자!

아래는 2씩 커지는 규칙입니다.

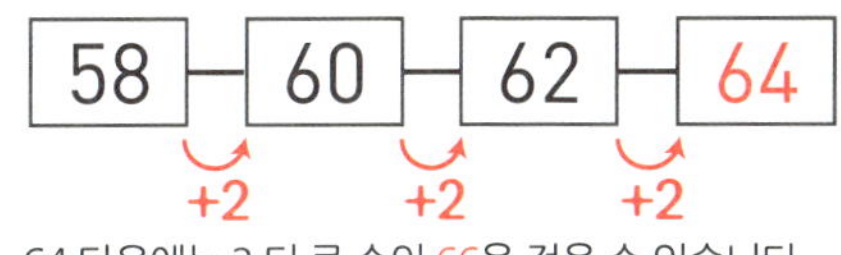

| 58 | 60 | 62 | 64 |

+2 +2 +2

64 다음에는 2 더 큰 수인 66을 적을 수 있습니다.

아래는 1씩 작아지는 규칙입니다.

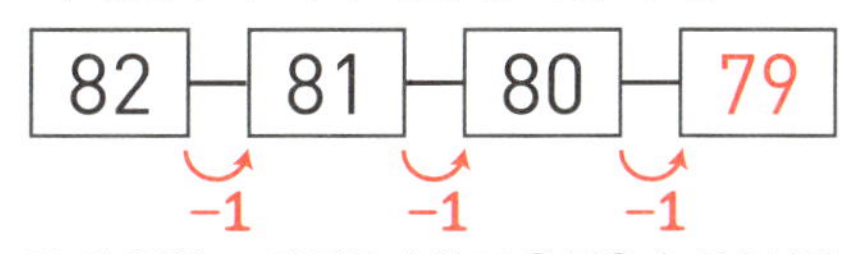

| 82 | 81 | 80 | 79 |

−1 −1 −1

79 다음에는 1 더 작은 수인 78을 적을 수 있습니다.

아래 수들의 규칙을 찾고, ☐ 안에 알맞은 수를 적으세요.

1 | 63 | 64 | 65 | ☐ |

☐ 씩 커지는 규칙입니다.

4 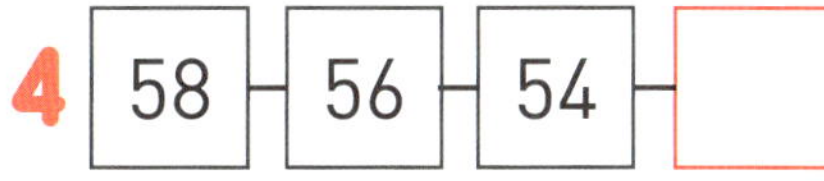 | 58 | 56 | 54 | ☐ |

☐ 씩 작아지는 규칙입니다.

2 | 74 | 76 | 78 | ☐ |

☐ 씩 커지는 규칙입니다.

5 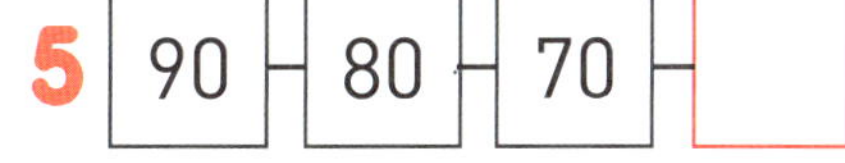 | 90 | 80 | 70 | ☐ |

☐ 씩 작아지는 규칙입니다.

3 | 30 | 40 | 50 | ☐ |

☐ 씩 커지는 규칙입니다.

6  | 75 | 70 | 65 | ☐ |

☐ 씩 작아지는 규칙입니다.

7 | 55 – 60 – 65 – ☐
☐ 씩 커지는 규칙입니다.

8 | 10 – 30 – 50 – ☐
☐ 씩 커지는 규칙입니다.

9 | 45 – 53 – 61 – ☐
☐ 씩 커지는 규칙입니다.

10 | 90 – 81 – 72 – ☐
☐ 씩 작아지는 규칙입니다.

11 | 63 – 59 – 55 – ☐
☐ 씩 작아지는 규칙입니다.

12 | 98 – 95 – 92 – ☐
☐ 씩 작아지는 규칙입니다.

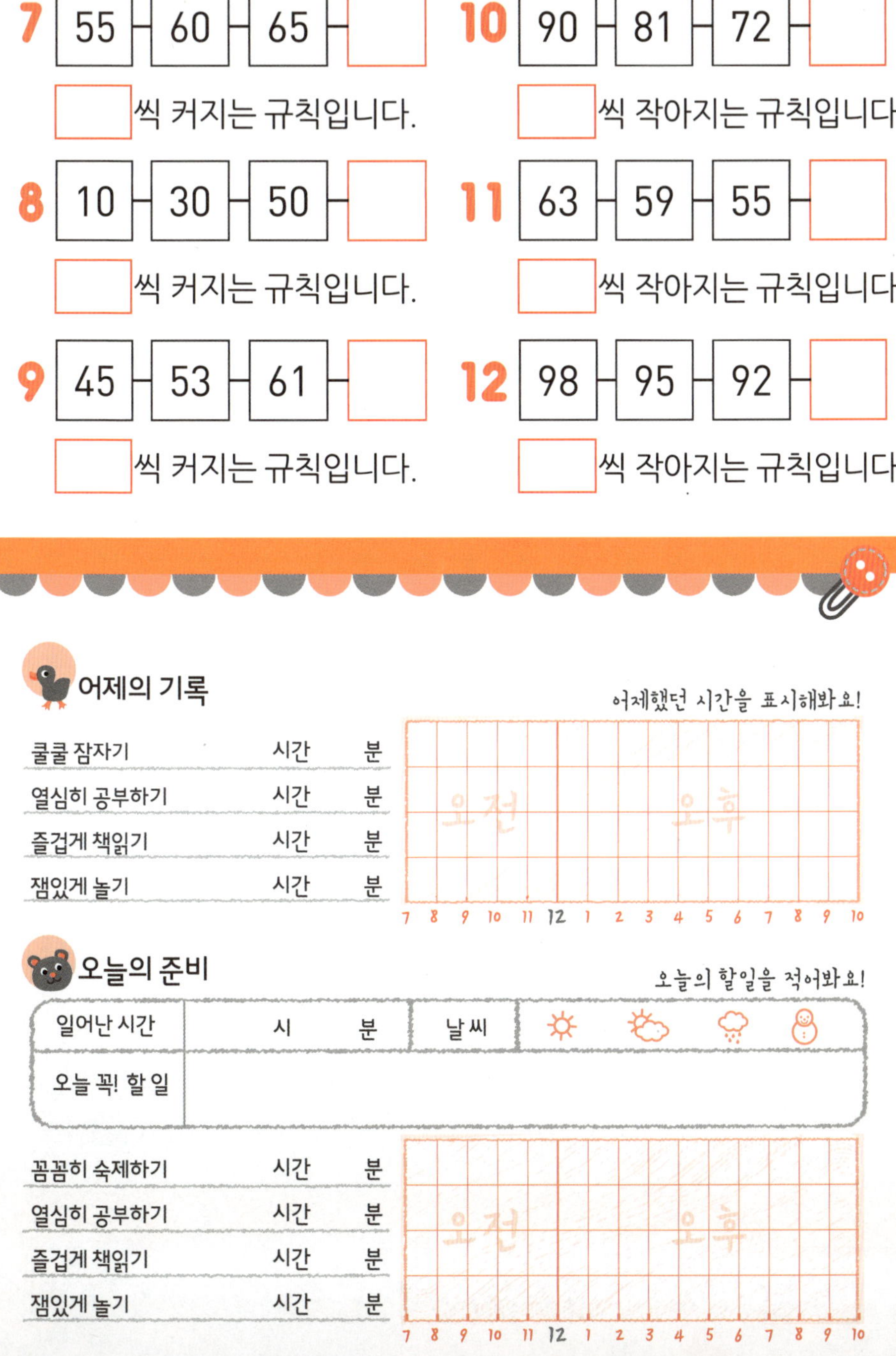

어제의 기록

어제했던 시간을 표시해봐요!

쿨쿨 잠자기	시간	분
열심히 공부하기	시간	분
즐겁게 책읽기	시간	분
잼있게 놀기	시간	분

오늘의 준비

오늘의 할일을 적어봐요!

일어난 시간	시	분	날씨				
오늘 꼭! 할 일							

꼼꼼히 숙제하기	시간	분
열심히 공부하기	시간	분
즐겁게 책읽기	시간	분
잼있게 놀기	시간	분

08 더 큰 수와 더 작은 수 (연습1)

소리내 풀기

☐ 안에 알맞은 수를 적으세요.

1 60에서 8 큰 수는 ☐ 이고, 60에서 8 작은 수는 ☐ 입니다.

2 75에서 5 큰 수는 ☐ 이고, 75에서 5 작은 수는 ☐ 입니다.

3 83에서 2 큰 수는 ☐ 이고, 85에서 2 작은 수는 ☐ 입니다.

4 85에서 7 큰 수는 ☐ 이고, 98에서 9 작은 수는 ☐ 입니다.

5 | 45 | 47 | 49 | 51 | ☐ |

6 | 62 | 58 | 54 | 50 | ☐ |

7 | 84 | 86 | 88 | ☐ | ☐ |

8 | 66 | 64 | 62 | ☐ | ☐ |

9 88에서 8 큰 수는 ☐ 이고, 88에서 8 작은 수는 ☐ 입니다.

10 64에서 5 큰 수는 ☐ 이고, 69에서 10 작은 수는 ☐ 입니다

11 75 – 77 – 79 – 81 – ☐ – ☐ – ☐

12 75 – 72 – 69 – 66 – ☐ – ☐ – ☐

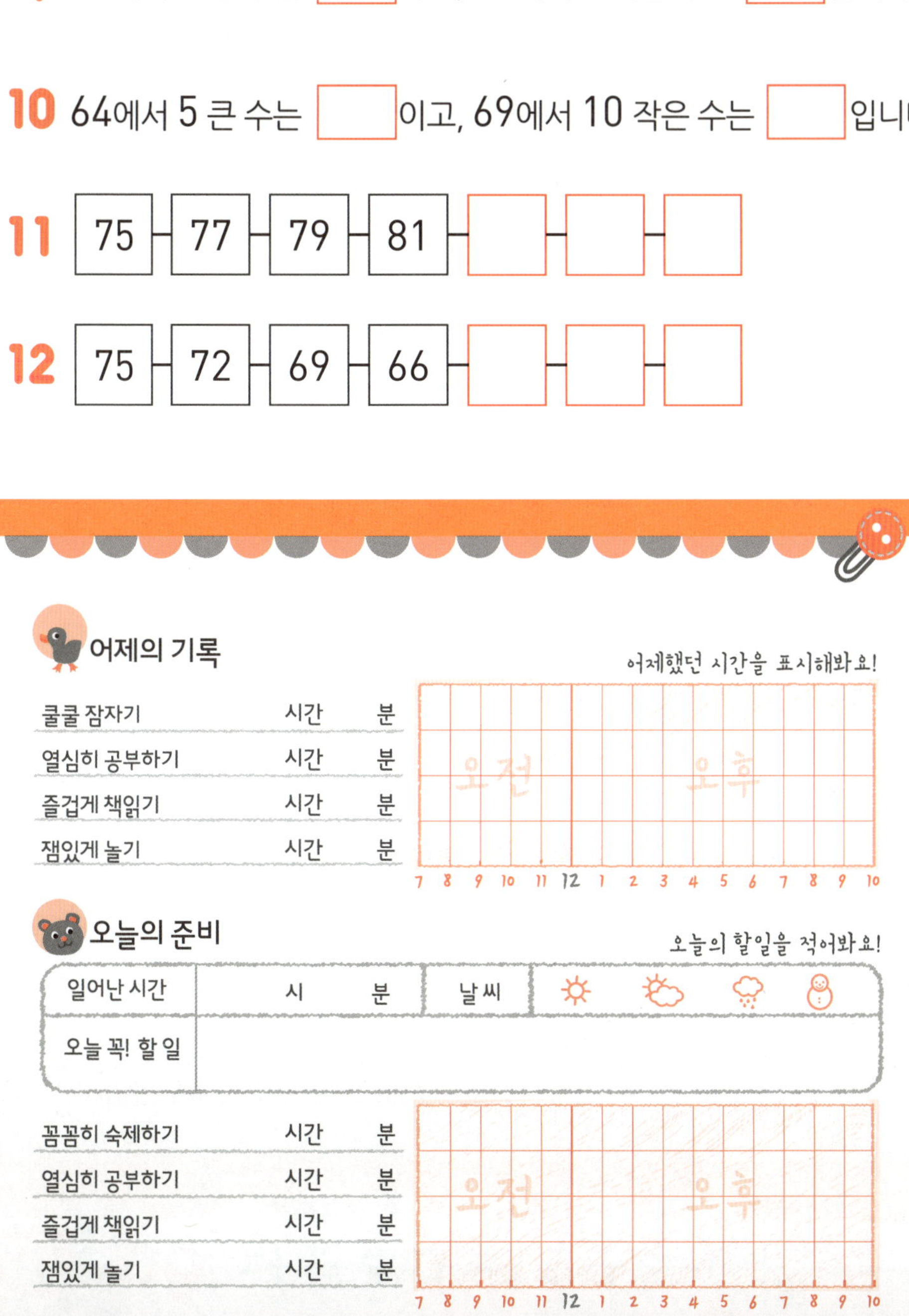

어제의 기록

어제했던 시간을 표시해봐요!

쿨쿨 잠자기	시간	분
열심히 공부하기	시간	분
즐겁게 책읽기	시간	분
잼있게 놀기	시간	분

오늘의 준비

오늘의 할일을 적어봐요!

일어난 시간	시	분	날씨	☀ ⛅ 🌧 ⛄
오늘 꼭! 할일				

꼼꼼히 숙제하기	시간	분
열심히 공부하기	시간	분
즐겁게 책읽기	시간	분
잼있게 놀기	시간	분

9 더 큰 수와 더 작은 수(연습2)

소리내 풀기

□ 안에 알맞은 수를 적으세요.

1 10 – 11 – 12 – ☐ – 14 – ☐

2 29 – 28 – 27 – ☐ – 25 – ☐

3 15 – 20 – 25 – ☐ – ☐ – ☐

4 75 – 70 – 65 – ☐ – ☐ – ☐

5 65 – 67 – ☐ – 71 – ☐ – 75

6 62 – 59 – ☐ – 53 – ☐ – 47

7 ☐ – 30 – ☐ – 50 – 60 – 70

8 ☐ – 80 – ☐ – ☐ – 60 – 50 – ☐

tip 연속된 두 수가 모두 적혀 있는 수를 비교하여 규칙을 먼저 찾아보세요.

10 문제 중 ☐ 문제 맞았어!

9 | 17 | 27 | | | 57 | | 77 |

10 | 99 | 91 | 83 | | | | 51 |

어제의 기록

어제했던 시간을 표시해봐요!

쿨쿨 잠자기	시	분
열심히 공부하기	시간	분
즐겁게 책읽기	시간	분
잼있게 놀기	시간	분

오전   오후

7 8 9 10 11 12 1 2 3 4 5 6 7 8 9 10

오늘의 준비

오늘의 할일을 적어봐요!

| 일어난 시간 | 시 | 분 | 날씨 | | | | |
| 오늘 꼭! 할 일 | | | | | | | |

꼼꼼히 숙제하기	시간	분
열심히 공부하기	시간	분
즐겁게 책읽기	시간	분
잼있게 놀기	시간	분

오전   오후

7 8 9 10 11 12 1 2 3 4 5 6 7 8 9 10

오늘의 나와 가장 가까운 답에 O표 하세요!

✦ 오늘의 기분은 어때요?　☐ 좋아요.　☐ 나빠요.　☐ 그냥 그래요.

✦ 아침밥을 먹었나요?　☐ 네.　☐ 아니요.

✦ 친구하고 사이좋게 지내고 있나요?　☐ 네.　☐ 아니요.

✦ 오늘도 힘찬 하루를 보낼 준비 됐나요?　☐ 네.　☐ 아니요.

10 더하기(연습1)

소리내 풀기

가운데 수와 중간의 수를 더해서 가장자리에 적으세요.

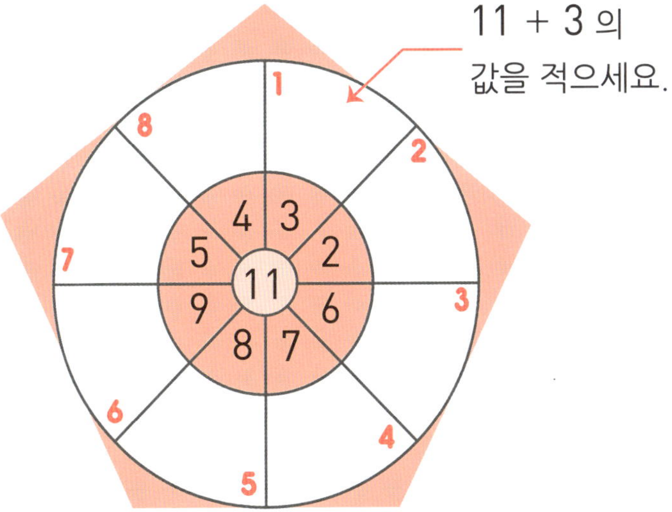

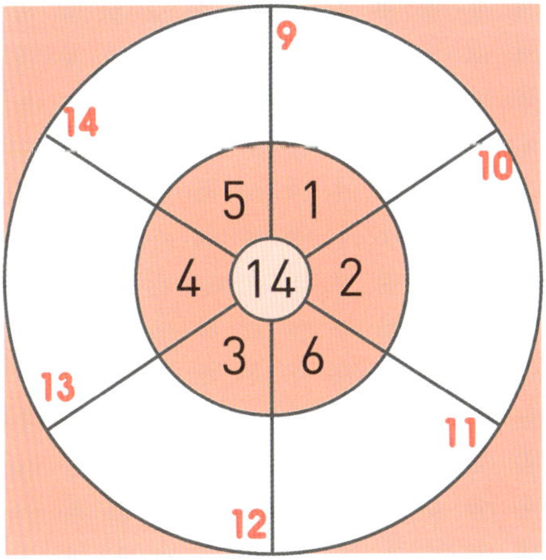

11 + 3 의 값을 적으세요.

15 4 → +6 → □ → +9 → □

17 12 → +8 → □ → +9 → □

16 7 → +3 → □ → +4 → □

18 21 → +9 → □ → +9 → □

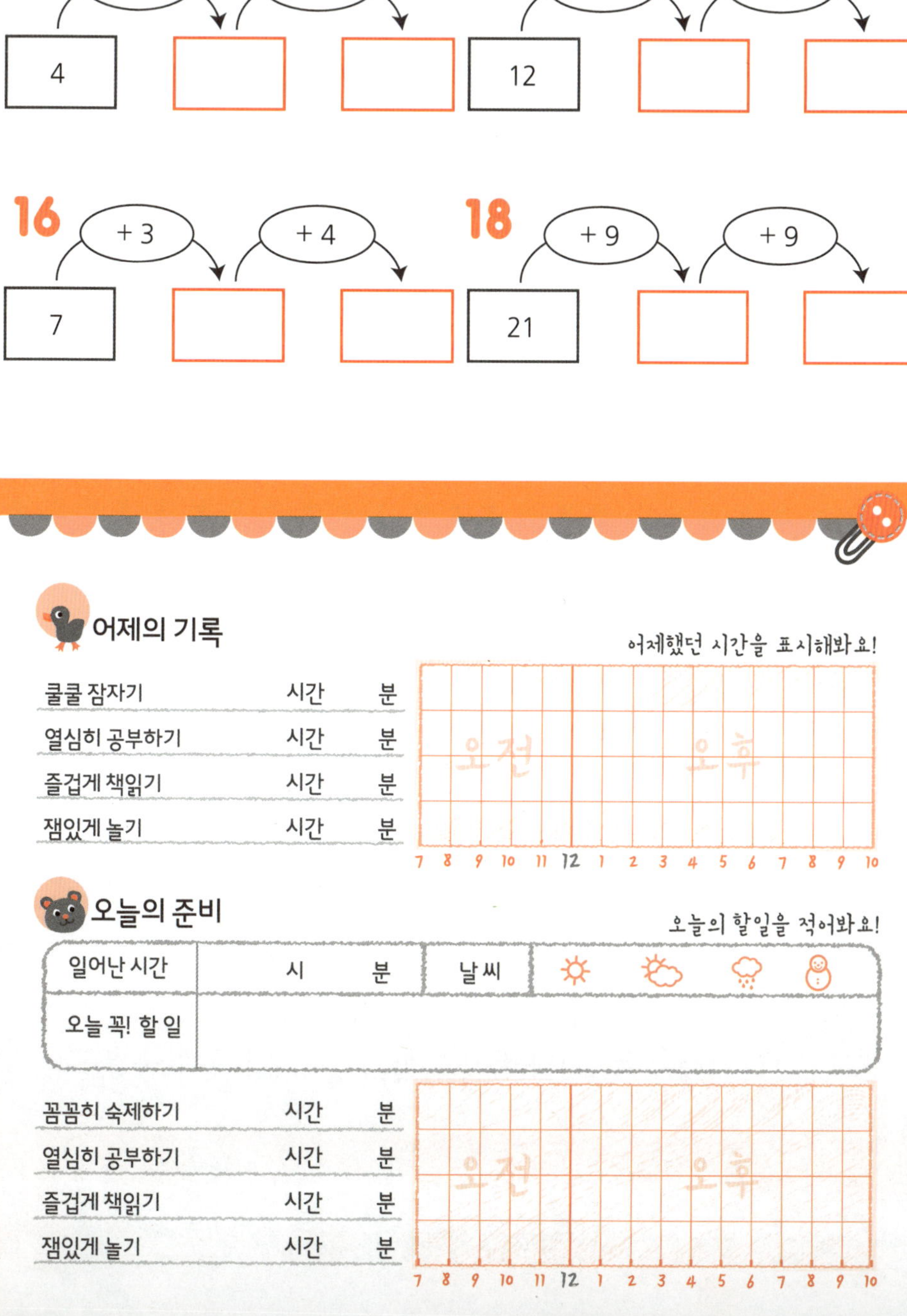

어제의 기록

어제했던 시간을 표시해봐요!

쿨쿨 잠자기	시간	분
열심히 공부하기	시간	분
즐겁게 책읽기	시간	분
잼있게 놀기	시간	분

오늘의 준비

오늘의 할일을 적어봐요!

일어난 시간	시	분	날씨	
오늘 꼭! 할 일				

꼼꼼히 숙제하기	시간	분
열심히 공부하기	시간	분
즐겁게 책읽기	시간	분
잼있게 놀기	시간	분

11 빼기(연습1)

가운데 수에서 중간 수를 빼서 가장자리에 적으세요.

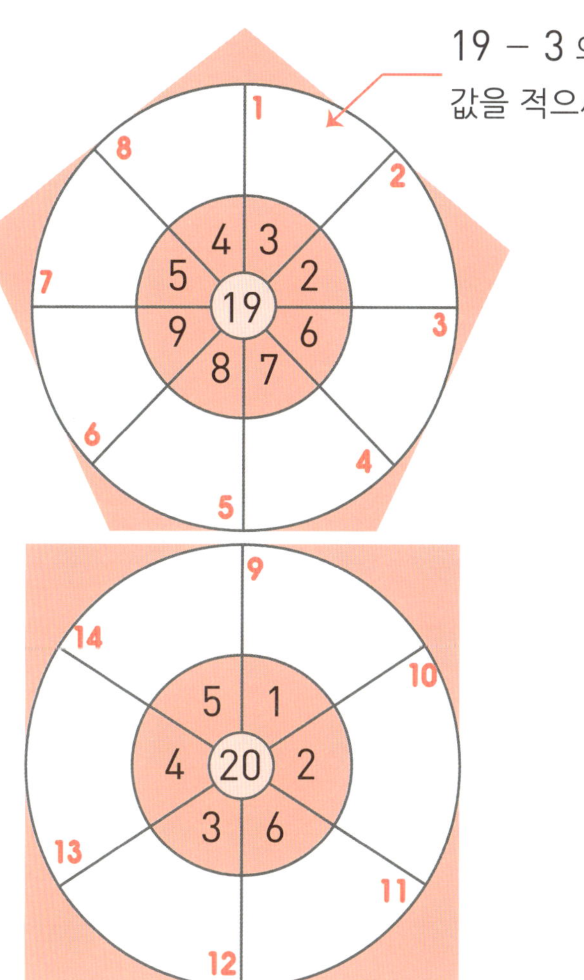

tip 10은 순한글로 열, 한자어로 십(十), 영어로 텐(ten) 입니다.

15 $+4$ $+9$
16 [ ] [ ]

17 -10 $+9$
20 [ ] [ ]

16 -2 -4
12 [ ] [ ]

18 $+5$ -5
25 [ ] [ ]

어제의 기록

어제했던 시간을 표시해봐요!

쿨쿨 잠자기	시간	분
열심히 공부하기	시간	분
즐겁게 책읽기	시간	분
잼있게 놀기	시간	분

오전 오후

7 8 9 10 11 12 1 2 3 4 5 6 7 8 9 10

오늘의 준비

오늘의 할일을 적어봐요!

일어난 시간	시	분	날씨	☀ ⛅ 🌧 ⛄
오늘 꼭! 할 일				

꼼꼼히 숙제하기	시간	분
열심히 공부하기	시간	분
즐겁게 책읽기	시간	분
잼있게 놀기	시간	분

오전 오후

7 8 9 10 11 12 1 2 3 4 5 6 7 8 9 10

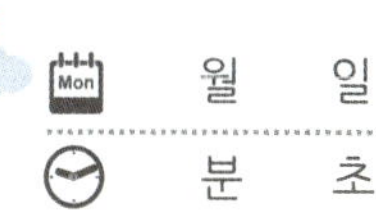

12 10을 두 수로 가르기

Mon 월 일
분 초

10은 3과 7로 가를 수 있습니다.
10은 3과 [7]의 합입니다.
10을 3과 7로 가른다고 합니다.
10은 1과 9, 2와 8, 3과 7, 4와 6, 5와 5,
10과 0으로 가를 수 있습니다.

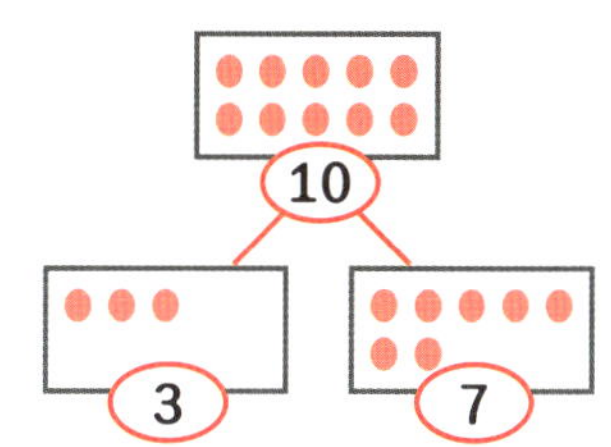

10을 두 수로 갈라 보세요.

1 10은 4와 [ ]의 합입니다.

6 10은 2와 [ ]로 가릅니다.

2 10은 5와 [ ]의 합입니다.

7 10은 3과 [ ]로 가릅니다.

3 10은 10과 [ ]의 합입니다.

8 10은 0과 [ ]으로 가릅니다.

4 10은 8과 [ ]의 합입니다.

9 10은 4와 [ ]으로 가릅니다.

5 10은 9와 [ ]의 합입니다.

10 10은 7과 [ ]으로 가릅니다.

tip 둘로 가른다는 말은 둘로 나누어 가진다는 말과 같고, 반대말은 모으기입니다.

18문제 중 문제 맞았어!

11 4와 □ 을 합하면 10입니다.

15 9와 □ 을 모으면 10입니다.

12 6과 □ 를 합하면 10입니다.

16 3과 □ 을 모으면 10입니다.

13 7과 □ 을 합하면 10입니다.

17 5와 □ 를 모으면 10입니다.

14 1과 □ 를 합하면 10입니다.

18 2와 □ 을 모으면 10입니다.

어제의 기록

어제했던 시간을 표시해봐요!

쿨쿨 잠자기	시간	분
열심히 공부하기	시간	분
즐겁게 책읽기	시간	분
잼있게 놀기	시간	분

오늘의 준비

오늘의 할일을 적어봐요!

일어난 시간	시	분	날씨				
오늘 꼭! 할 일							

꼼꼼히 숙제하기	시간	분
열심히 공부하기	시간	분
즐겁게 책읽기	시간	분
잼있게 놀기	시간	분

13 10을 가르기, 모으기(연습1)

 10을 가르거나 모아서 10이 되는 수를 ☐ 안에 적으세요.

1 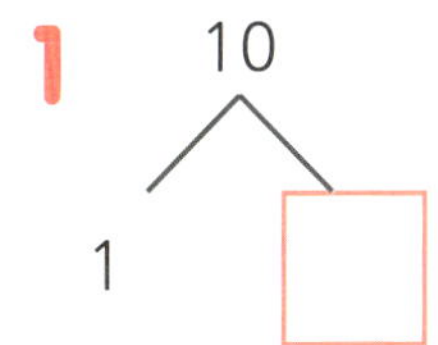
10
1 ☐

5 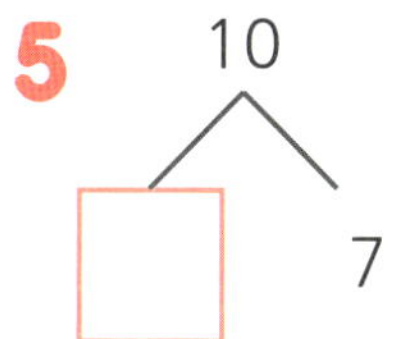
10
☐ 7

9 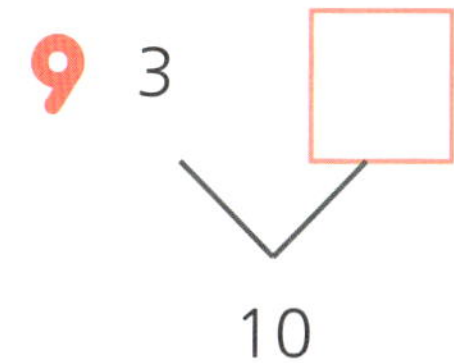
3 ☐
10

2
10
3 ☐

6 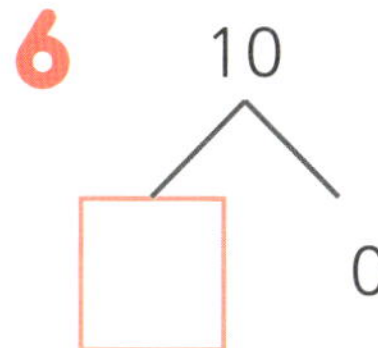
10
☐ 0

10 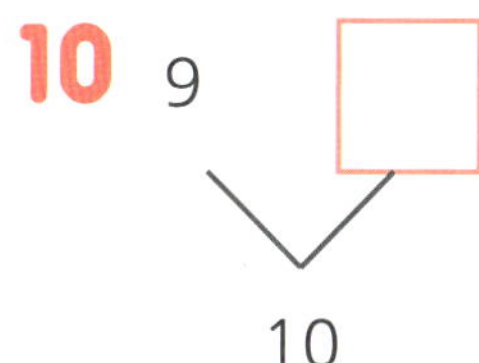
9 ☐
10

3
10
5 ☐

7 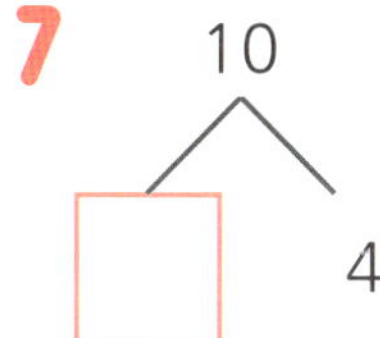
10
☐ 4

11 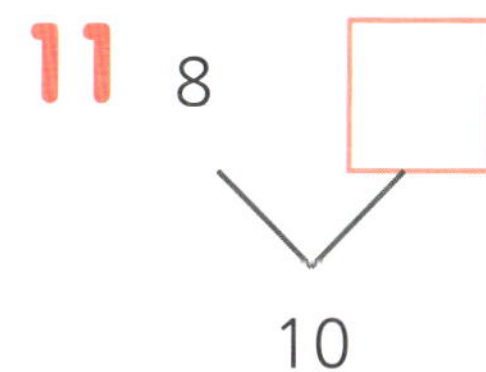
8 ☐
10

4
10
9 ☐

8 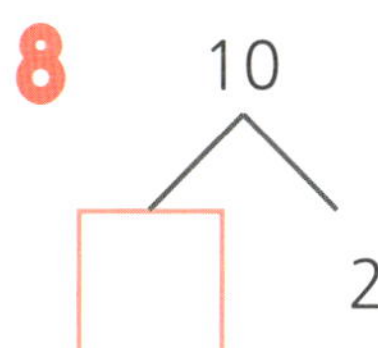
10
☐ 2

12 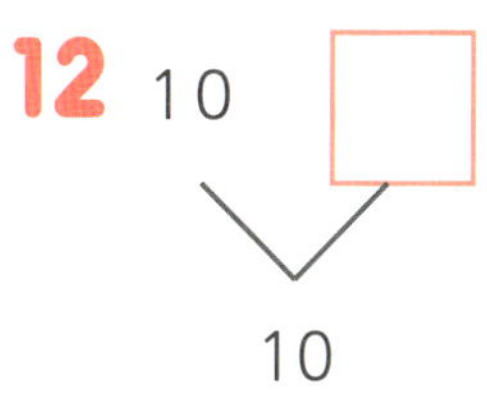
10 ☐
10

 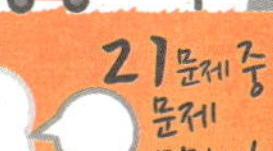

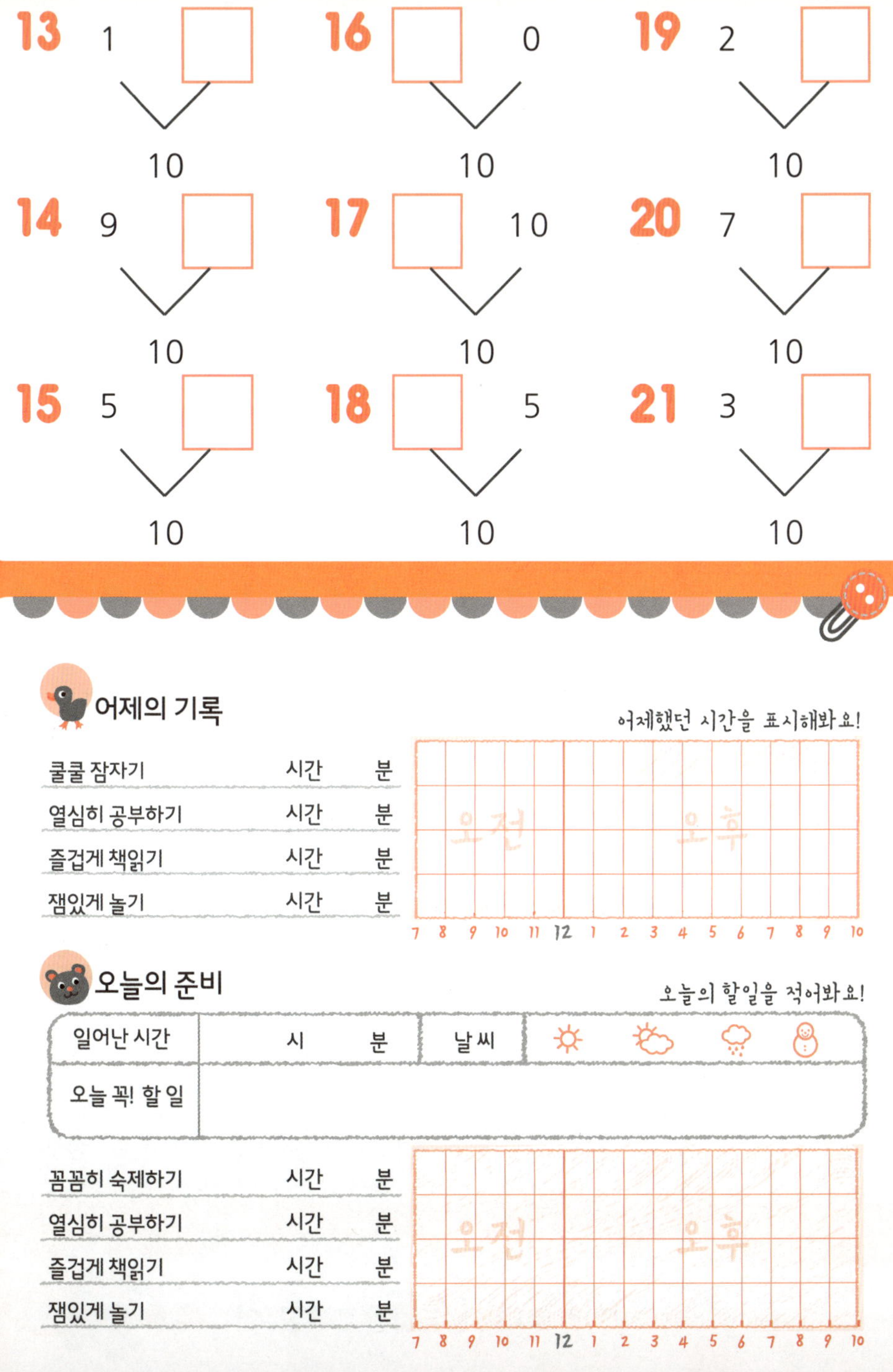

13   1   ☐ → 10

16   ☐   0 → 10

19   2   ☐ → 10

14   9   ☐ → 10

17   ☐   10 → 10

20   7   ☐ → 10

15   5   ☐ → 10

18   ☐   5 → 10

21   3   ☐ → 10

어제의 기록

어제했던 시간을 표시해봐요!

쿨쿨 잠자기	시간	분
열심히 공부하기	시간	분
즐겁게 책읽기	시간	분
잼있게 놀기	시간	분

7 8 9 10 11 12 1 2 3 4 5 6 7 8 9 10

오늘의 준비

오늘의 할일을 적어봐요!

일어난 시간	시	분	날씨				
오늘 꼭! 할 일							

꼼꼼히 숙제하기	시간	분
열심히 공부하기	시간	분
즐겁게 책읽기	시간	분
잼있게 놀기	시간	분

7 8 9 10 11 12 1 2 3 4 5 6 7 8 9 10

Mon 월 일
분 초

14 10을 가르기, 모으기(연습2)

10을 가르거나 모아서 10이 되는 수를 □ 안에 적으세요.

1
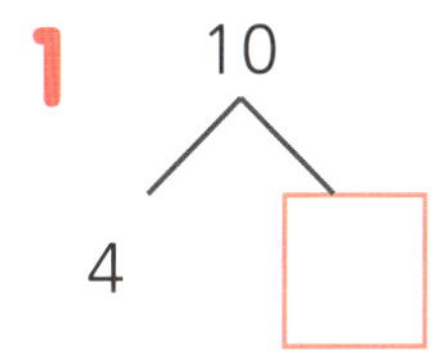
10
4 □

2
10
5 □

3
10
2 □

4
10
1 □

5
10
6 □

6
10
8 □

7
10
9 □

8
10
3 □

9
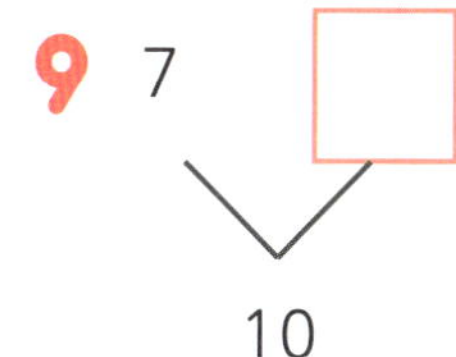
7 □
10

10
2 □
10

11
4 □
10

12
3 □
10

tip 더해서 10이 되거나, 10에서 어떤 수를 빼면 나오는 수 계산은 아주 중요합니다. ☺

21 문제 중 ○ 문제 맞았기!

13 8 ☐
10

16 ☐ 9
10

19 5 ☐
10

14 2 ☐
10

17 ☐ 0
10

20 10 ☐
10

15 6 ☐
10

18 ☐ 1
10

21 9 ☐
10

어제의 기록

어제했던 시간을 표시해봐요!

쿨쿨 잠자기	시간	분
열심히 공부하기	시간	분
즐겁게 책읽기	시간	분
잼있게 놀기	시간	분

오전 오후
7 8 9 10 11 12 1 2 3 4 5 6 7 8 9 10

오늘의 준비

오늘의 할일을 적어봐요!

일어난 시간	시	분	날씨	☀ ☁ 🌧 ⛄
오늘 꼭! 할 일				

꼼꼼히 숙제하기	시간	분
열심히 공부하기	시간	분
즐겁게 책읽기	시간	분
잼있게 놀기	시간	분

오전 오후
7 8 9 10 11 12 1 2 3 4 5 6 7 8 9 10

15 세 수의 계산

수 3개의 계산은 앞에서 부터 차례로 계산합니다.

사과 5개에서 엄마가 3개를 더 주셔서
동생에게 2개를 주었습니다.
그래서 6개가 있습니다. 5 + 3 − 2 = 6

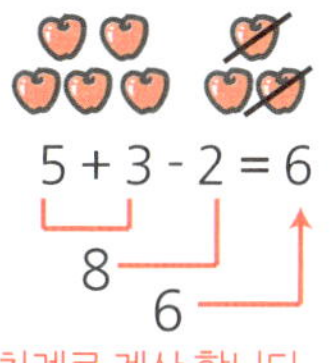

$$5 + 3 - 2 = 6$$

8

6

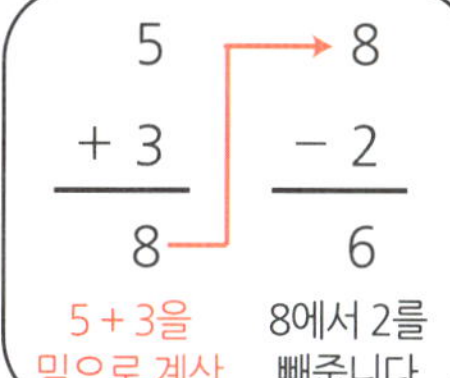

$$\begin{array}{cc} 5 & 8 \\ +\,3 & -\,2 \\ \hline 8 & 6 \end{array}$$

5 + 3을
밑으로 계산

8에서 2를
빼줍니다.

세 수의 계산에서 뺄셈이 1개라도 있으면 반드시 앞에서부터 차례로 계산 합니다.

아래를 계산해 보세요.

1 $3 + 1 - 1 =$

2 $2 + 1 - 2 =$

3 $4 + 3 - 7 =$

4 $7 + 2 - 3 =$

5 $6 + 4 - 0 =$

6 $6 - 3 + 1 =$

7 $2 - 2 + 4 =$

8 $8 - 4 + 4 =$

9 $10 - 7 + 3 =$

10 $8 - 6 + 2 =$

tip 5+3를 계산할 때 위와 같이 밑으로 계산하는 것을 세로셈한다고도 합니다.

12 문제 중
문제
맞았어!

11 (+6) → (−9) → **12** (+8) → (−5) →

| 4 | | | 2 | | |

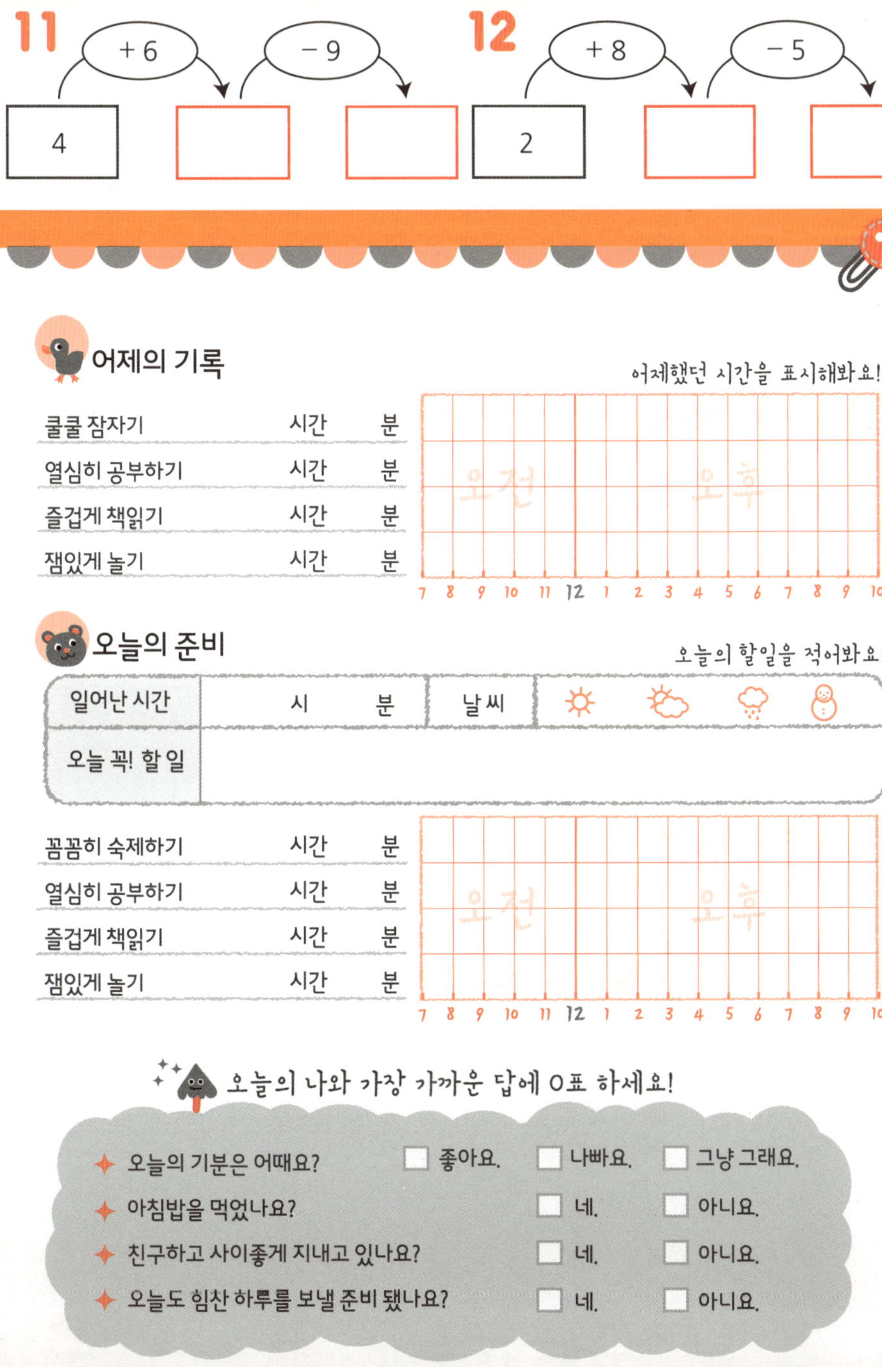

어제의 기록

어제했던 시간을 표시해봐요!

쿨쿨 잠자기	시간	분
열심히 공부하기	시간	분
즐겁게 책읽기	시간	분
잼있게 놀기	시간	분

7 8 9 10 11 12 1 2 3 4 5 6 7 8 9 10

오전 · 오후

오늘의 준비

오늘의 할일을 적어봐요!

일어난 시간	시	분	날 씨	☀	⛅	🌧	☃
오늘 꼭! 할일							

꼼꼼히 숙제하기	시간	분
열심히 공부하기	시간	분
즐겁게 책읽기	시간	분
잼있게 놀기	시간	분

7 8 9 10 11 12 1 2 3 4 5 6 7 8 9 10

오전 · 오후

오늘의 나와 가장 가까운 답에 O표 하세요!

- ✦ 오늘의 기분은 어때요?　☐ 좋아요.　☐ 나빠요.　☐ 그냥 그래요.
- ✦ 아침밥을 먹었나요?　☐ 네.　☐ 아니요.
- ✦ 친구하고 사이좋게 지내고 있나요?　☐ 네.　☐ 아니요.
- ✦ 오늘도 힘찬 하루를 보낼 준비 됐나요?　☐ 네.　☐ 아니요.

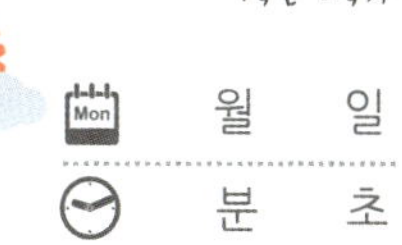

16 세 수의 덧셈

수 3개의 덧셈은 순서를 바꾸어 계산해도 값이 같습니다.

자두 4개에서 엄마가 2개를 주시고,
아빠가 3개를 더 주신 것(4+2+3=9)과
자두 2개에서 아빠가 3개를 더 주시고,
4개를 더 주신 것(2+3+4=9)의
값은 9개로 같습니다.

$4+2+3=9$, $4+3+2=9$, $3+2+4=9$, $2+4+3=9$

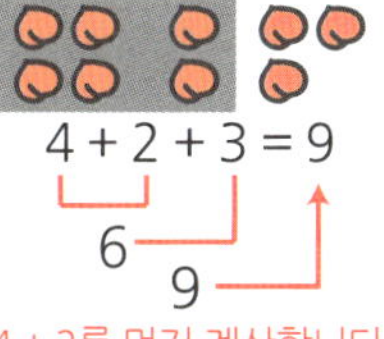

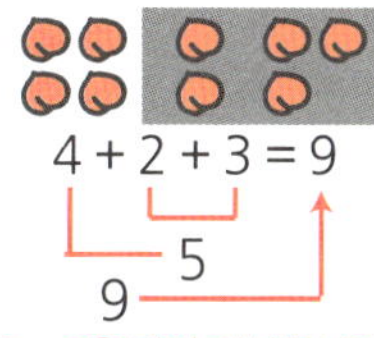

모두 값은 9입니다.

밑줄 친 것을 먼저 계산해서 세 수를 계산해 보세요.

1 $\underline{3 + 1} + 1 =$

2 $3 + \underline{1 + 1} =$

3 $\underline{1 + 3} + 2 =$

4 $1 + \underline{3 + 2} =$

5 $\underline{2 + 5} + 0 =$

6 $2 + \underline{5 + 0} =$

7 $\underline{4 + 1} + 3 =$

8 $4 + \underline{1 + 3} =$

9 $\underline{1 + 2} + 7 =$

10 $1 + \underline{2 + 7} =$

tip 모든 계산은 앞에서부터 차례로 계산합니다. 모두 덧셈만 있는 식은 빼구요.

16 문제 중
문제
맞았기!

11 +1 +2
0 ☐ ☐

14 +1 +3
5 ☐ ☐

12 +3 +5
2 ☐ ☐

15 +0 +2
8 ☐ ☐

13 +1 +2
3 ☐ ☐

16 +2 +4
4 ☐ ☐

어제의 기록

어제했던 시간을 표시해봐요!

쿨쿨 잠자기	시간	분
열심히 공부하기	시간	분
즐겁게 책읽기	시간	분
잼있게 놀기	시간	분

오전　오후

7 8 9 10 11 12 1 2 3 4 5 6 7 8 9 10

오늘의 준비

오늘의 할일을 적어봐요!

일어난 시간	시	분	날씨	☀ ⛅ ☁ ☃
오늘 꼭! 할일				

꼼꼼히 숙제하기	시간	분
열심히 공부하기	시간	분
즐겁게 책읽기	시간	분
잼있게 놀기	시간	분

오전　오후

7 8 9 10 11 12 1 2 3 4 5 6 7 8 9 10

☐ 안에 알맞은 수를 적으세요.

$1 + 2$ = **3** − 2 = **1**

$2 + 2$ = **5** ☐ − 3 = **6** ☐

$1 + 9$ = **11** ☐ − 5 = **12** ☐

$0 + 5$ = **1** ☐ − 5 = **2** ☐

$6 + 4$ = **7** ☐ − 2 = **8** ☐

$3 + 0$ = **13** ☐ − 0 = **14** ☐

$4 - 3$ = **3** ☐ + 9 = **4** ☐

$5 - 2$ = **9** ☐ + 7 = **10** ☐

$10 - 4$ = **15** ☐ + 4 = **16** ☐

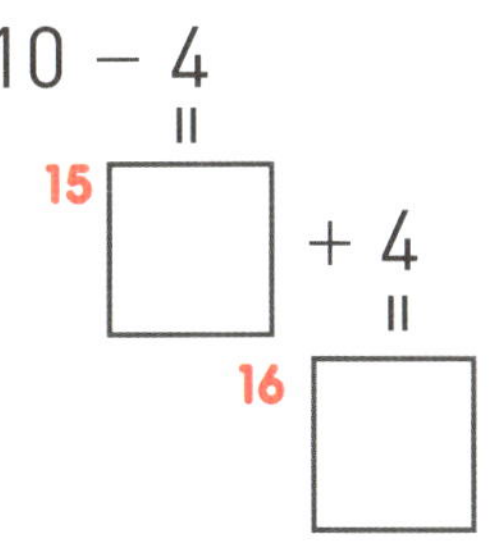

tip 더하기 빼기를 묻는 문제입니다. 모양이 달라도 계산방법은 같습니다.

$10 - 4 =$ [17] $\square - 6 =$ [18] $\square$

$9 - 7 =$ [21] $\square - 1 =$ [22] $\square$

$7 + 3 =$ [25] $\square - 2 =$ [26] $\square$

$8 - 3 =$ [19] $\square + 3 =$ [20] $\square$

$5 + 5 =$ [23] $\square + 0 =$ [24] $\square$

$0 + 10 =$ [27] $\square - 10 =$ [28] $\square$

 어제의 기록

어제했던 시간을 표시해봐요!

쿨쿨 잠자기	시간	분
열심히 공부하기	시간	분
즐겁게 책읽기	시간	분
잼있게 놀기	시간	분

 오늘의 준비

오늘의 할일을 적어봐요!

일어난 시간	시	분	날 씨	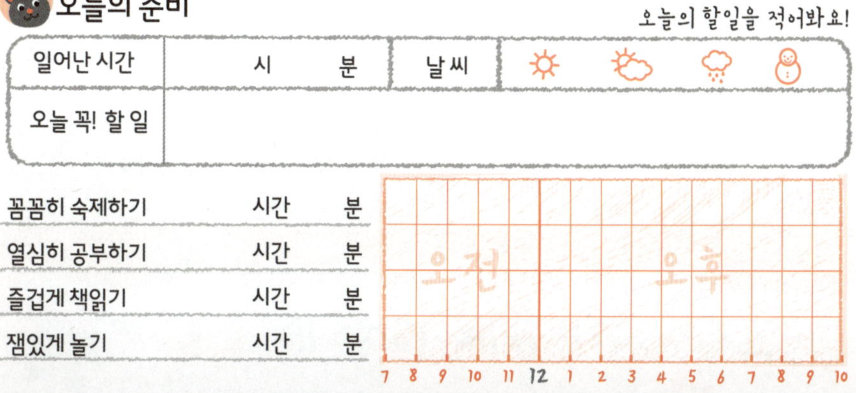
오늘 꼭! 할 일				

꼼꼼히 숙제하기	시간	분
열심히 공부하기	시간	분
즐겁게 책읽기	시간	분
잼있게 놀기	시간	분

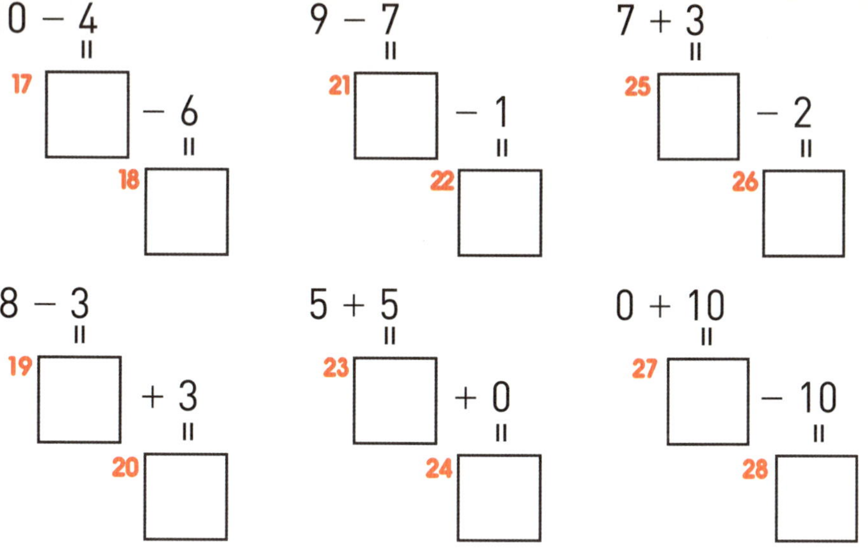

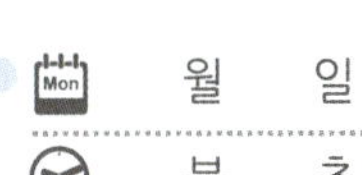

18 세 수의 계산 (연습2)

소리내 풀기

□ 안에 알맞은 수를 적으세요.

$3 + 1 =$ $\boxed{4} - 2 =$ $\boxed{2}$

$14 + 3 =$ **5** $\boxed{} - 3 =$ **6** $\boxed{}$

$22 + 4 =$ **11** $\boxed{} - 2 =$ **12** $\boxed{}$

$5 + 2 =$ **1** $\boxed{} - 7 =$ **2** $\boxed{}$

$11 + 3 =$ **7** $\boxed{} - 2 =$ **8** $\boxed{}$

$26 + 4 =$ **13** $\boxed{} - 9 =$ **14** $\boxed{}$

$8 - 0 =$ **3** $\boxed{} + 1 =$ **4** $\boxed{}$

$15 - 1 =$ **9** $\boxed{} + 5 =$ **10** $\boxed{}$

$28 - 7 =$ **15** $\boxed{} + 7 =$ **16** $\boxed{}$

tip 하나, 둘, 셋, 넷, 다섯, 여섯, 일곱, 여덟, 아홉, 열, 스물, 서른, 마흔, 쉰, 일흔, 여든, 아흔

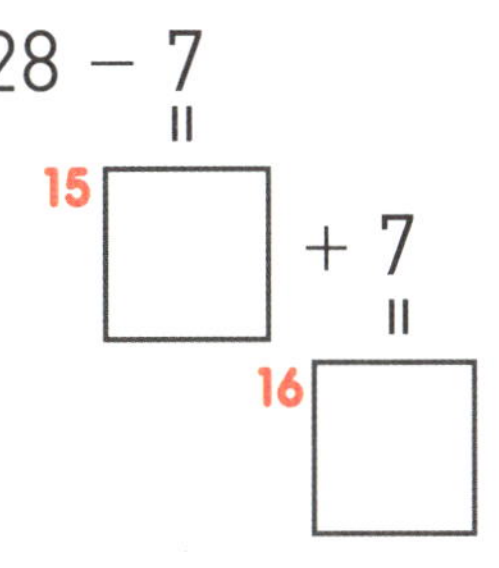

$2 + 1 =$ ☐ 17 $- 3 =$ ☐ 18

$14 + 2 =$ ☐ 21 $- 5 =$ ☐ 22

$29 + 1 =$ ☐ 25 $- 2 =$ ☐ 26

$5 + 5 =$ ☐ 19 $- 3 =$ ☐ 20

$17 + 3 =$ ☐ 23 $- 8 =$ ☐ 24

$22 + 8 =$ ☐ 27 $- 7 =$ ☐ 28

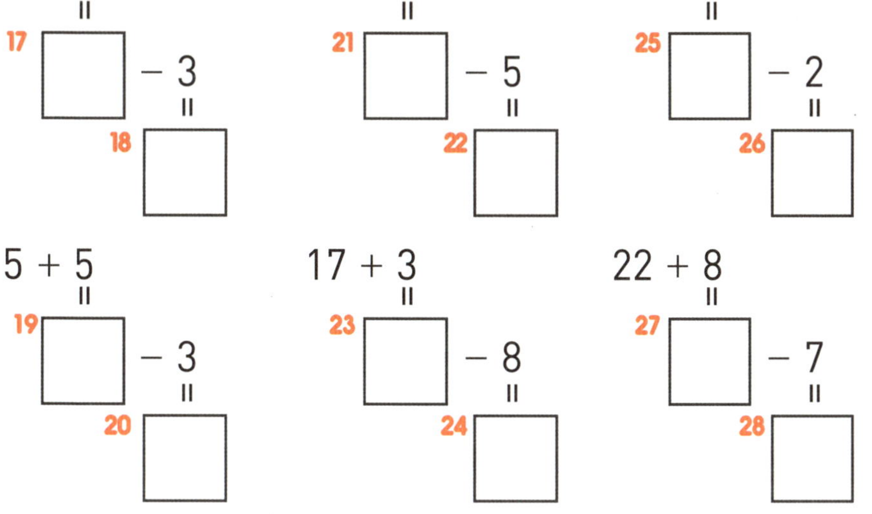

어제의 기록

어제했던 시간을 표시해봐요!

쿨쿨 잠자기	시간	분
열심히 공부하기	시간	분
즐겁게 책읽기	시간	분
잼있게 놀기	시간	분

오늘의 준비

오늘의 할일을 적어봐요!

일어난 시간	시	분	날 씨				
오늘 꼭! 할 일							

꼼꼼히 숙제하기	시간	분
열심히 공부하기	시간	분
즐겁게 책읽기	시간	분
잼있게 놀기	시간	분

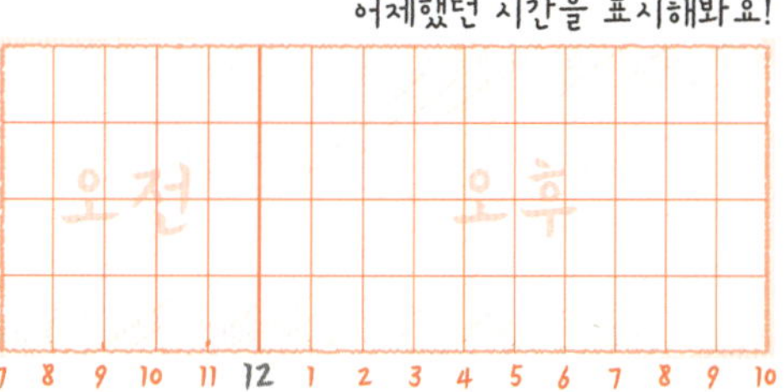

19 몇십 + 몇십

몇십+몇십을 계산하기

40에 20을 더하는 방법은
십의 자리인 4와 2를 더하고
일의 자리에는 0을 적으면 됩니다.

40은 10개 묶음이 4개, 낱개가 0개인 수이고
20은 10개 묶음이 2개, 낱개가 0개인 수이므로
10개 묶음 4개에 2개를 더하니 10개 묶음 6개 입니다.

$$40 + 20 = 60$$

10의 자리 숫자끼리 더해주고 일의 자리는 0을 적습니다.

아래를 계산해 보세요.

1 $10 + 10 =$ 　　　　　**8** $30 + 60 =$

2 $40 + 20 =$ 　　　　　**9** $20 + 40 =$

3 $50 + 30 =$ 　　　　　**10** $20 + 30 =$

4 $20 + 50 =$ 　　　　　**11** $40 + 30 =$

5 $30 + 30 =$ 　　　　　**12** $20 + 70 =$

6 $60 + 10 =$ 　　　　　**13** $80 + 10 =$

7 $10 + 30 =$ 　　　　　**14** $10 + 80 =$

tip 30+5와 5+30은 덧셈만 있는 식이므로 순서가 바뀌어도 값은 35로 같습니다.

24문제 중 　문제 맞았!

15 60 + 10 =   **20** 50 + 30 =

16 30 + 20 =   **21** 60 + 20 =

17 60 + 30 =   **22** 70 + 10 =

18 70 + 20 =   **23** 40 + 30 =

19 80 + 10 =   **24** 80 + 20 =

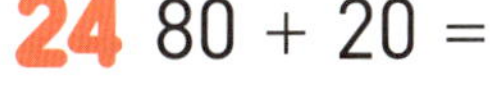 어제의 기록

어제했던 시간을 표시해봐요!

쿨쿨 잠자기	시간	분
열심히 공부하기	시간	분
즐겁게 책읽기	시간	분
잼있게 놀기	시간	분

오전   오후

7 8 9 10 11 12 1 2 3 4 5 6 7 8 9 10

 오늘의 준비

오늘의 할일을 적어봐요!

일어난 시간	시	분	날씨	
오늘 꼭! 할 일				

꼼꼼히 숙제하기	시간	분
열심히 공부하기	시간	분
즐겁게 책읽기	시간	분
잼있게 놀기	시간	분

오전   오후

7 8 9 10 11 12 1 2 3 4 5 6 7 8 9 10

20 몇십 + 몇

몇십+몇을 계산하기

40에 2를 더하는 방법은
일의 자리인 2를 일의 자리에 적고
십의 자리인 4를 십의 자리에 적습니다.

40은 10개 묶음이 4개, 낱개가 0개인 수이고,
2는 10개 묶음이 0개, 낱개가 2개인 수이므로
더하면 10개 묶음 4개와 낱개 2개인 수가 됩니다.

$$40 + 2 = 42$$

각각의 자리에
내려 적습니다.

아래를 계산해 보세요.

1 10 + 1 =

2 40 + 2 =

3 50 + 3 =

4 20 + 5 =

5 30 + 2 =

6 60 + 1 =

7 10 + 3 =

8 30 + 6 =

9 20 + 4 =

10 30 + 2 =

11 40 + 3 =

12 20 + 7 =

13 80 + 1 =

14 10 + 8 =

15 $60 + 8 =$

16 $30 + 9 =$

17 $60 + 7 =$

18 $70 + 6 =$

19 $80 + 2 =$

20 $50 + 1 =$

21 $60 + 8 =$

22 $70 + 7 =$

23 $60 + 5 =$

24 $80 + 9 =$

 어제의 기록

어제했던 시간을 표시해봐요!

쿨쿨 잠자기	시간	분
열심히 공부하기	시간	분
즐겁게 책읽기	시간	분
잼있게 놀기	시간	분

오전　오후

7 8 9 10 11 12 1 2 3 4 5 6 7 8 9 10

 오늘의 준비

오늘의 할일을 적어봐요!

일어난 시간	시	분	날씨				
오늘 꼭! 할 일							

꼼꼼히 숙제하기	시간	분
열심히 공부하기	시간	분
즐겁게 책읽기	시간	분
잼있게 놀기	시간	분

오전　오후

7 8 9 10 11 12 1 2 3 4 5 6 7 8 9 10

Mon 월 일
분 초

21 몇십 몇 + 몇

몇십 몇+몇을 계산하기

41에 2를 더하는 방법은
일의 자리끼리(1+2) 더해 일의 자리에
적고, 십의 자리인 4를 십의 자리에 적습니다.

41은 10개 묶음이 4개, 낱개가 1개인 수이고,
2는 10개 묶음이 0개, 낱개가 2개인 수이므로
더하면 10개 묶음 4개와 낱개 3개인 수가 됩니다.

② 2는 십의 자리 숫자가 0이므로
41의 십의 자리 숫자 4를
그대로 십의 자리에 적습니다.

$$41 + 2 = 43$$

3

① 먼저 일의 자리 숫자끼리
더해 일의 자리에 적습니다.

아래를 계산해 보세요.

1 12 + 1 =

2 23 + 2 =

3 32 + 3 =

4 21 + 5 =

5 34 + 2 =

6 25 + 1 =

7 14 + 3 =

8 31 + 6 =

9 22 + 4 =

10 33 + 2 =

11 42 + 3 =

12 22 + 7 =

13 27 + 1 =

14 11 + 8 =

tip 2는 10의 자리 숫자가 0이고, 일의 자리 숫자가 2인 수입니다.

24문제 중 문제 맞았어!

15 61 + 8 =   **20** 55 + 1 =

16 35 + 2 =   **21** 61 + 8 =

17 62 + 7 =   **22** 72 + 7 =

18 73 + 6 =   **23** 63 + 5 =

19 85 + 2 =   **24** 85 + 4 =

 ## 어제의 기록

어제했던 시간을 표시해봐요!

쿨쿨 잠자기	시간	분
열심히 공부하기	시간	분
즐겁게 책읽기	시간	분
잼있게 놀기	시간	분

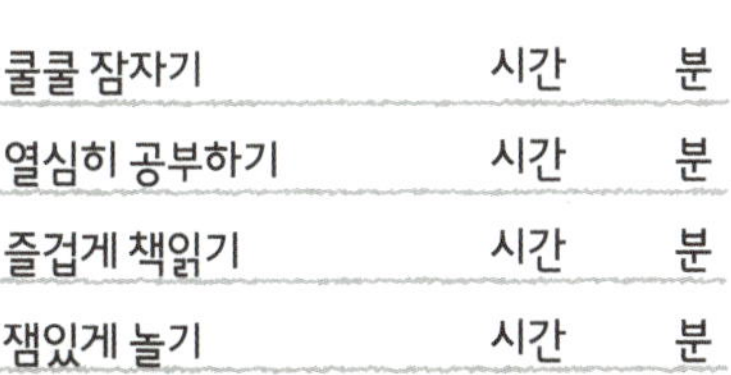

오늘의 준비

오늘의 할일을 적어봐요!

일어난 시간	시	분	날씨				
오늘 꼭! 할 일							

꼼꼼히 숙제하기	시간	분
열심히 공부하기	시간	분
즐겁게 책읽기	시간	분
잼있게 놀기	시간	분

22 몇십 몇 + 몇십 몇

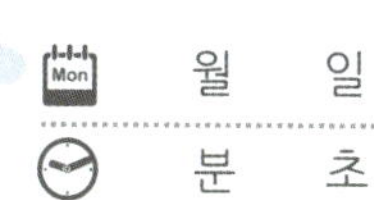

몇십 몇+몇십 몇을 계산하기

41에 32를 더하는 방법은
일의 자리끼리(1+2) 더해 일의 자리에 적고,
십의 자리끼리(4+3) 더해 십의 자리에 적습니다.

41은 10개 묶음이 4개, 낱개가 1개인 수이고
32는 10개 묶음이 3개, 낱개가 2개인 수이므로
더하면 10개 묶음 7개와 낱개 3개인 수가 됩니다.

② 십의 자리 숫자끼리
더해 십의 자리에 적습니다.

$$41 + 32 = 73$$

① 먼저 일의 자리 숫자끼리 더해서
일의 자리에 적습니다.

아래를 계산해 보세요.

1 $12 + 11 =$

2 $23 + 12 =$

3 $32 + 31 =$

4 $21 + 15 =$

5 $34 + 23 =$

6 $25 + 14 =$

7 $14 + 32 =$

8 $31 + 26 =$

9 $22 + 14 =$

10 $33 + 32 =$

11 $42 + 23 =$

12 $22 + 37 =$

13 $27 + 41 =$

14 $11 + 28 =$

tip 32+15와 15+32는 덧셈만있으므로 순서가 바뀌어도 값은 47로 같습니다.

24문제 중 문제 맞았어!

15 61 + 18 =　　**20** 55 + 11 =

16 35 + 22 =　　**21** 61 + 28 =

17 62 + 17 =　　**22** 72 + 27 =

18 73 + 26 =　　**23** 63 + 15 =

19 85 + 12 =　　**24** 85 + 14 =

어제의 기록

어제했던 시간을 표시해봐요!

쿨쿨 잠자기	시간	분
열심히 공부하기	시간	분
즐겁게 책읽기	시간	분
잼있게 놀기	시간	분

오전　　오후

7 8 9 10 11 12 1 2 3 4 5 6 7 8 9 10

오늘의 준비

오늘의 할일을 적어봐요!

일어난 시간	시	분	날씨				
오늘 꼭! 할 일							

꼼꼼히 숙제하기	시간	분
열심히 공부하기	시간	분
즐겁게 책읽기	시간	분
잼있게 놀기	시간	분

오전　　오후

7 8 9 10 11 12 1 2 3 4 5 6 7 8 9 10

23 몇십의 덧셈(연습1)

아래를 계산해 보세요.

1	$10 + 10 =$		**11**	$30 + 6 =$
2	$40 + 20 =$		**12**	$20 + 4 =$
3	$50 + 30 =$		**13**	$30 + 2 =$
4	$20 + 50 =$		**14**	$40 + 3 =$
5	$30 + 20 =$		**15**	$20 + 7 =$
6	$60 + 10 =$		**16**	$80 + 1 =$
7	$10 + 30 =$		**17**	$10 + 3 =$
8	$40 + 30 =$		**18**	$40 + 3 =$
9	$50 + 40 =$		**19**	$50 + 4 =$
10	$60 + 20 =$		**20**	$60 + 2 =$

tip 세로라는 말은 밑으로 길게 있는 것, 가로는 옆으로 길게 늘어진 것을 말합니다.

30 문제 중 ◯ 문제 맞았어!

21 51 + 10 =

22 25 + 20 =

23 42 + 10 =

24 63 + 20 =

25 75 + 10 =

26 27 + 11 =

27 35 + 23 =

28 42 + 27 =

29 72 + 21 =

30 82 + 16 =

 **어제의 기록**

어제했던 시간을 표시해봐요!

쿨쿨 잠자기	시간	분
열심히 공부하기	시간	분
즐겁게 책읽기	시간	분
잼있게 놀기	시간	분

오전 · 오후

7 8 9 10 11 12 1 2 3 4 5 6 7 8 9 10

오늘의 준비

오늘의 할일을 적어봐요!

일어난 시간	시	분	날씨	
오늘 꼭! 할 일				

꼼꼼히 숙제하기	시간	분
열심히 공부하기	시간	분
즐겁게 책읽기	시간	분
잼있게 놀기	시간	분

오전 · 오후

7 8 9 10 11 12 1 2 3 4 5 6 7 8 9 10

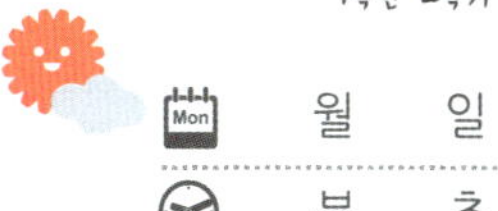

 24 몇십의 덧셈(연습2)

 **아래를 계산해 보세요.**

1 40 + 10 =

2 20 + 20 =

3 30 + 30 =

4 40 + 50 =

5 60 + 20 =

6 70 + 1 =

7 80 + 3 =

8 40 + 6 =

9 70 + 7 =

10 50 + 9 =

11 3 + 60 =

12 2 + 40 =

13 3 + 20 =

14 4 + 30 =

15 2 + 70 =

16 81 + 10 =

17 12 + 80 =

18 63 + 30 =

19 27 + 30 =

20 15 + 30 =

tip 세로 밑, 가로 옆, 세로 밑, 가로 옆, 세로 밑, 가로 옆 (헷갈리지 마세요)

21 $60 + 14 =$		**26** $37 + 32 =$	
22 $30 + 27 =$		**27** $25 + 43 =$	
23 $60 + 15 =$		**28** $46 + 22 =$	
24 $70 + 22 =$		**29** $37 + 51 =$	
25 $80 + 11 =$		**30** $52 + 35 =$	

어제의 기록

어제했던 시간을 표시해봐요!

쿨쿨 잠자기	시간	분
열심히 공부하기	시간	분
즐겁게 책읽기	시간	분
잼있게 놀기	시간	분

오전   오후

7 8 9 10 11 12 1 2 3 4 5 6 7 8 9 10

오늘의 준비

오늘의 할일을 적어봐요!

일어난 시간	시	분	날씨				
오늘 꼭! 할 일							

꼼꼼히 숙제하기	시간	분
열심히 공부하기	시간	분
즐겁게 책읽기	시간	분
잼있게 놀기	시간	분

오전   오후

7 8 9 10 11 12 1 2 3 4 5 6 7 8 9 10

25 몇십 – 몇십

몇십–몇십을 계산하기

40에서 20을 빼는 방법은
십의 자리인 4와 2를 빼고
일의 자리에는 0을 적으면 됩니다.

40은 10개 묶음이 4개, 낱개가 0개인 수이고,
20은 10개 묶음이 2개, 낱개가 0개인 수이므로
10개 묶음 4개에서 2개를 빼면 10개 묶음 2개인 수입니다.

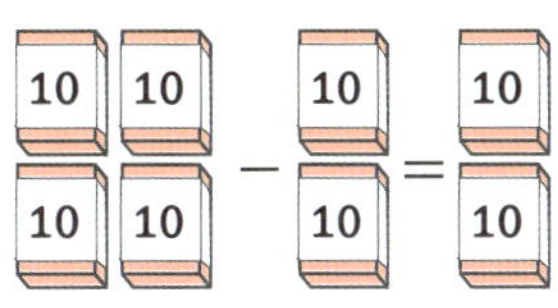

$$40 - 20 = 20$$

10의 자리 숫자끼리
빼주고 일의 자리에는
0을 적습니다.

아래를 계산해 보세요.

1 30 – 10 =

2 40 – 20 =

3 50 – 30 =

4 60 – 50 =

5 30 – 20 =

6 60 – 10 =

7 50 – 20 =

8 60 – 30 =

9 40 – 30 =

10 30 – 20 =

11 40 – 30 =

12 70 – 10 =

13 80 – 10 =

14 90 – 80 =

15 60 − 10 =

16 30 − 20 =

17 60 − 30 =

18 70 − 20 =

19 80 − 10 =

20 50 − 30 =

21 60 − 20 =

22 70 − 10 =

23 60 − 40 =

24 80 − 20 =

 어제의 기록

어제했던 시간을 표시해봐요!

쿨쿨 잠자기	시간	분
열심히 공부하기	시간	분
즐겁게 책읽기	시간	분
잼있게 놀기	시간	분

오전 / 오후

7 8 9 10 11 12 1 2 3 4 5 6 7 8 9 10

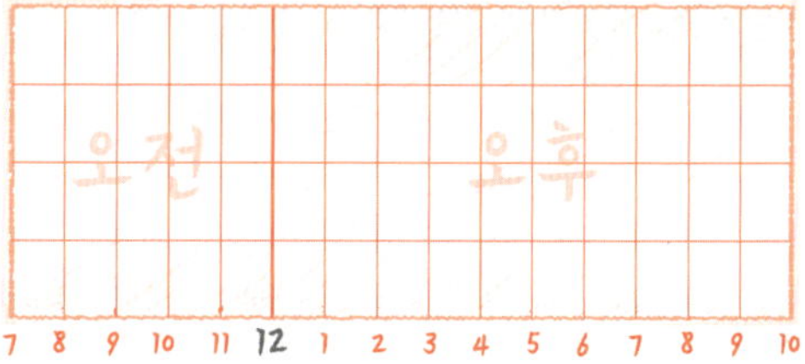

오늘의 준비

오늘의 할일을 적어봐요!

| 일어난 시간 | 시 | 분 | 날씨 | ☀ ⛅ 🌧 ⛄ |
| 오늘 꼭! 할 일 | | | | |

꼼꼼히 숙제하기	시간	분
열심히 공부하기	시간	분
즐겁게 책읽기	시간	분
잼있게 놀기	시간	분

오전 / 오후

7 8 9 10 11 12 1 2 3 4 5 6 7 8 9 10

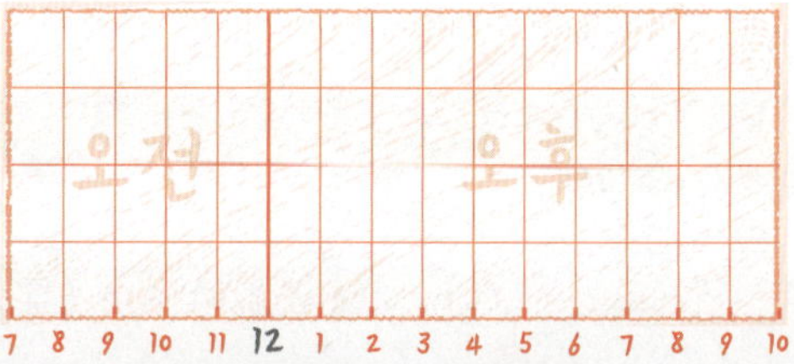

26 몇십 몇 − 몇

소리내 읽기

몇십 몇−몇을 계산하기

42에서 1을 빼는 법은
일의 자리끼리(2−1)를 빼서 일의 자리에 적고,
십의 자리인 4를 십의 자리에 적습니다.

41은 10개 묶음이 4개, 낱개가 2개인 수이고
1는 10개 묶음이 0개, 낱개가 1개인 수이므로
빼면 10개 묶음 4개와 낱개 1개인 수가 됩니다.

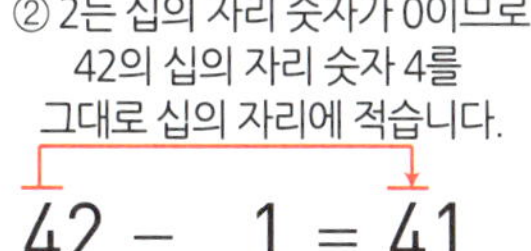

② 2는 십의 자리 숫자가 0이므로
42의 십의 자리 숫자 4를
그대로 십의 자리에 적습니다.

$$42 - 1 = 41$$

1

① 먼저 일의 자리 숫자끼리 빼서
일의 자리에 적습니다.

소리내 풀기

아래를 계산해 보세요.

1 12 − 1 =

2 23 − 2 =

3 35 − 3 =

4 27 − 5 =

5 34 − 2 =

6 25 − 1 =

7 14 − 3 =

8 36 − 4 =

9 27 − 7 =

10 33 − 2 =

11 45 − 3 =

12 29 − 7 =

13 27 − 1 =

14 18 − 8 =

tip 30+5와 5+30은 덧셈만 있는 식이므로 순서가 바뀌어도 값은 35 입니다.

24문제 중 문제 맞았어!

15 $68 - 1 =$

16 $35 - 2 =$

17 $67 - 2 =$

18 $77 - 2 =$

19 $85 - 2 =$

20 $55 - 1 =$

21 $68 - 1 =$

22 $77 - 7 =$

23 $65 - 5 =$

24 $86 - 4 =$

 어제의 기록

어제했던 시간을 표시해봐요!

쿨쿨 잠자기	시간	분
열심히 공부하기	시간	분
즐겁게 책읽기	시간	분
잼있게 놀기	시간	분

오늘의 준비

오늘의 할일을 적어봐요!

일어난 시간	시	분	날씨				
오늘 꼭! 할일							

꼼꼼히 숙제하기	시간	분
열심히 공부하기	시간	분
즐겁게 책읽기	시간	분
잼있게 놀기	시간	분

27 몇십 몇 – 몇십 몇

몇십 몇–몇십 몇을 계산하기

52에서 31을 빼는 방법은
일의 자리끼리(2−1)를 빼서 일의 자리에 적고,
십의 자리끼리(5−3)를 빼서 십의 자리에 적습니다.

52는 10개 묶음이 5개, 낱개가 2개인 수이고
31는 10개 묶음이 3개, 낱개가 1개인 수이므로
끼리끼리 빼면 10개 묶음 2개와 낱개 1개인 수가 됩니다.

② 십의 자리 숫자끼리 빼서
십의 자리에 적습니다.

$$52 - 31 = 21$$

① 먼저 일의 자리 숫자끼리 빼서
일의 자리에 적줍니다.

아래를 계산해 보세요.

1 32 − 11 =

2 23 − 12 =

3 52 − 31 =

4 27 − 15 =

5 54 − 23 =

6 45 − 14 =

7 64 − 32 =

8 39 − 26 =

9 28 − 18 =

10 55 − 32 =

11 47 − 23 =

12 69 − 67 =

13 87 − 41 =

14 69 − 28 =

tip 일의자리는 일의자리끼리, 십의자리는 십의자리끼리 계산합니다.

24문제 중 □문제 맞았어!

15 $68 - 12 =$

16 $25 - 22 =$

17 $67 - 12 =$

18 $78 - 26 =$

19 $89 - 12 =$

20 $55 - 11 =$

21 $68 - 28 =$

22 $77 - 27 =$

23 $65 - 61 =$

24 $85 - 14 =$

 어제의 기록

어제했던 시간을 표시해봐요!

쿨쿨 잠자기	시간	분
열심히 공부하기	시간	분
즐겁게 책읽기	시간	분
잼있게 놀기	시간	분

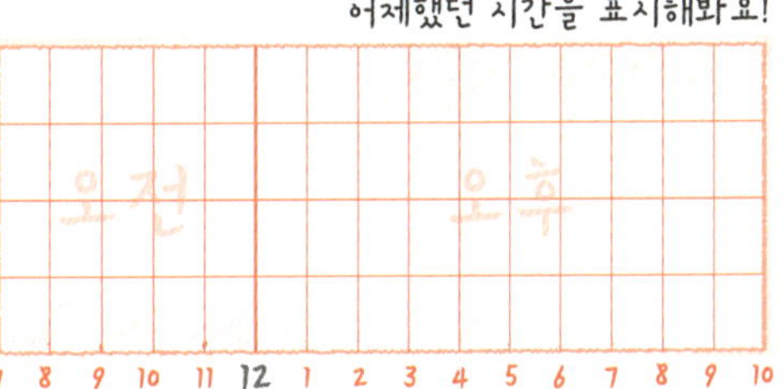

 오늘의 준비

오늘의 할일을 적어봐요!

일어난 시간	시	분	날씨	☀ ⛅ 🌧 ☃
오늘 꼭! 할 일				

꼼꼼히 숙제하기	시간	분
열심히 공부하기	시간	분
즐겁게 책읽기	시간	분
잼있게 놀기	시간	분

28 몇십의 뺄셈(연습1)

소리내 풀기 아래를 계산해 보세요.

1 10 − 10 =

2 40 − 20 =

3 50 − 30 =

4 50 − 20 =

5 30 − 20 =

6 60 − 10 =

7 30 − 30 =

8 40 − 30 =

9 50 − 40 =

10 60 − 20 =

11 63 − 2 =

12 76 − 4 =

13 53 − 2 =

14 84 − 3 =

15 98 − 7 =

16 81 − 1 =

17 99 − 8 =

18 33 − 3 =

19 57 − 2 =

20 65 − 4 =

tip 세로 밑, 가로 옆, 세로 밑, 가로 옆, 세로 밑, 가로 옆, 세로 밑, 가로 옆

30 문제 중 문제 맞았!

21 51 − 10 =

22 25 − 20 =

23 42 − 10 =

24 63 − 20 =

25 75 − 10 =

26 27 − 11 =

27 36 − 23 =

28 45 − 22 =

29 78 − 21 =

30 87 − 16 =

어제의 기록

어제했던 시간을 표시해봐요!

쿨쿨 잠자기	시간	분
열심히 공부하기	시간	분
즐겁게 책읽기	시간	분
잼있게 놀기	시간	분

오전 / 오후

7 8 9 10 11 12 1 2 3 4 5 6 7 8 9 10

오늘의 준비

오늘의 할일을 적어봐요!

일어난 시간	시	분	날씨	☀ ☁ 🌧 ⛄
오늘 꼭! 할 일				

꼼꼼히 숙제하기	시간	분
열심히 공부하기	시간	분
즐겁게 책읽기	시간	분
잼있게 놀기	시간	분

오전 / 오후

7 8 9 10 11 12 1 2 3 4 5 6 7 8 9 10

29 몇십의 뺄셈(연습2)

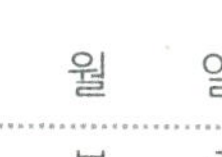

소리내 풀기 아래를 계산해 보세요.

1 40 − 10 =

2 20 − 20 =

3 30 − 30 =

4 70 − 50 =

5 60 − 20 =

6 70 − 10 =

7 80 − 30 =

8 60 − 40 =

9 70 − 70 =

10 50 − 40 =

11 37 − 6 =

12 25 − 4 =

13 39 − 2 =

14 46 − 3 =

15 28 − 7 =

16 87 − 1 =

17 59 − 8 =

18 76 − 3 =

19 59 − 4 =

20 67 − 3 =

tip 계산문제는 1의 자리, 10의 자리의 숫자끼리 계산합니다.

30 문제 중 □ 문제 맞았어!

21 68 − 22 =　　　　**26** 37 − 32 =

22 39 − 27 =　　　　**27** 47 − 25 =

23 59 − 15 =　　　　**28** 46 − 22 =

24 78 − 22 =　　　　**29** 58 − 37 =

25 85 − 11 =　　　　**30** 55 − 35 =

어제의 기록

어제했던 시간을 표시해봐요!

쿨쿨 잠자기	시간	분
열심히 공부하기	시간	분
즐겁게 책읽기	시간	분
잼있게 놀기	시간	분

오전　　오후

7 8 9 10 11 12 1 2 3 4 5 6 7 8 9 10

오늘의 준비

오늘의 할일을 적어봐요!

일어난 시간	시	분	날씨	☀ ☁ 🌧 ⛄
오늘 꼭! 할 일				

꼼꼼히 숙제하기	시간	분
열심히 공부하기	시간	분
즐겁게 책읽기	시간	분
잼있게 놀기	시간	분

오전　　오후

7 8 9 10 11 12 1 2 3 4 5 6 7 8 9 10

30 몇십 + 몇

월 일
분 초

몇십+몇을 밑으로 계산하기(세로셈하기)

30+5를 계산하기 위해서는 먼저 30을 적고
30의 낱개 개수 0의 바로 밑에 5를 적습니다.
낱개끼리인 0과 5를 더해 바로 밑에 적고,
다음 30의 10개씩 묶음의 수 3을 내려 씁니다.

30은 10개 묶음이 3개, 낱개가 0개인 수입니다.
30은 10의 자리가 3이고, 일의 자리가 0인 수입니다.

$$
\begin{array}{r} 3\ 0 \\ +\ \ 5 \\ \hline \end{array}
\quad\Rightarrow\quad
\begin{array}{r} 3\ 0 \\ +\ \ 5 \\ \hline 5 \end{array}
\quad\Rightarrow\quad
\begin{array}{r} 3\ 0 \\ +\ \ 5 \\ \hline 3\ 5 \end{array}
$$

30을 적고 + 적고, 5를 자리에 맞추어 적습니다.

낱개의 숫자끼리 더해줍니다.

10개 묶음 수를 그대로 내려 적습니다.

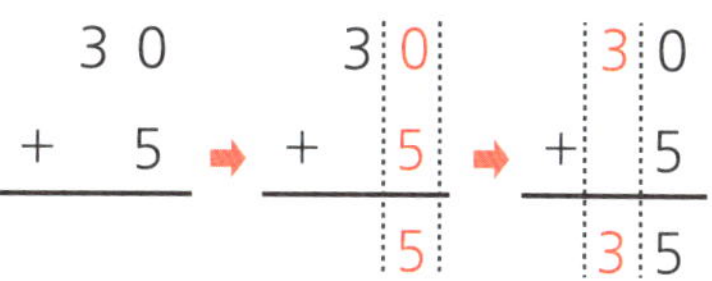

아래의 덧셈을 세로셈으로 바꾸어 계산해 보세요.

1 30 + 1 ➡

$$
\begin{array}{r} 3\ 0 \\ +\ \ \ \ 1 \\ \hline \end{array}
$$

5 70 + 6 ➡

2 40 + 3 ➡

$$
\begin{array}{r} 4\ 0 \\ + \\ \hline \end{array}
$$

6 80 + 4 ➡

3 50 + 5 ➡

$$
\begin{array}{r} 5\ 0 \\ + \\ \hline \end{array}
$$

7 90 + 2 ➡

4 60 + 7 ➡

$$
\begin{array}{r} 6\ 0 \\ + \\ \hline \end{array}
$$

8 60 + 0 ➡

tip 30+5와 5+30은 덧셈만 있는 식이므로 순서가 바뀌어도 값은 35 입니다.

14 문제 중 문제 맞았어!

9 $60 + 6$ ➡

$+$

10 $80 + 7$ ➡

$+$

11 $70 + 9$ ➡

$+$

12 $90 + 5$ ➡

$+$

13 $40 + 7$ ➡

$+$

14 $50 + 8$ ➡

$+$

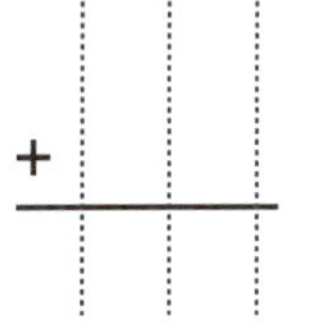 ### 어제의 기록

어제했던 시간을 표시해봐요!

쿨쿨 잠자기	시간	분
열심히 공부하기	시간	분
즐겁게 책읽기	시간	분
잼있게 놀기	시간	분

 ### 오늘의 준비

오늘의 할일을 적어봐요!

일어난 시간	시	분	날씨				
오늘 꼭! 할일							

꼼꼼히 숙제하기	시간	분
열심히 공부하기	시간	분
즐겁게 책읽기	시간	분
잼있게 놀기	시간	분

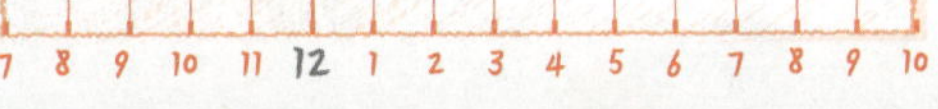

31 몇십 몇 + 몇

소리내 읽기

몇십 몇 + 몇을 밑으로 계산하기(세로셈하기)

35+2를 계산하기 위해서는 먼저 35를 적고
3**5**의 낱개 개수 **5**의 바로 밑에 2를 적습니다.
낱개끼리인 5와 2를 더한 다음
35의 10개씩 묶음 수인 **3**을 내려 씁니다.

35는 10개 묶음이 3개, 낱개가 5개인 수입니다.
35는 10의 자리가 3이고, 일의 자리가 5인 수입니다.

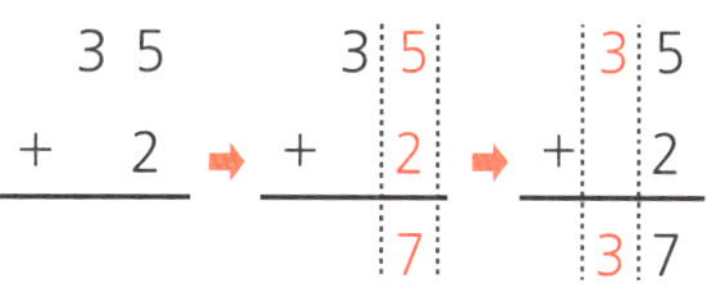

35를 적고
+ 적고, 2를
자리에 맞추어 적습니다.

낱개의 숫자끼리
더해줍니다.

10개묶음 수를
내려씁니다.

소리내 풀기

아래의 덧셈을 세로셈으로 바꾸어 계산해 보세요.

1 35 + 1 ➡

$$\begin{array}{r} 3\ 5 \\ +\quad 1 \\ \hline \end{array}$$

5 72 + 6 ➡

2 42 + 3 ➡

$$\begin{array}{r} 4\ 2 \\ + \\ \hline \end{array}$$

6 85 + 4 ➡

3 53 + 5 ➡

$$\begin{array}{r} 5\ 3 \\ + \\ \hline \end{array}$$

7 92 + 2 ➡

4 61 + 7 ➡

$$\begin{array}{r} 6\ 1 \\ + \\ \hline \end{array}$$

8 64 + 0 ➡

---

tip 숫자가 작으면 가로로 계산해도 되지만, 커지면 세로셈이 간편합니다.

14 문제 중   문제 맞았어!

9 $62 + 6$ →

10 $82 + 7$ →

11 $71 + 4$ →

12 $92 + 5$ →

13 $41 + 7$ →

14 $55 + 3$ →

 어제의 기록

어제했던 시간을 표시해봐요!

쿨쿨 잠자기	시간	분
열심히 공부하기	시간	분
즐겁게 책읽기	시간	분
잼있게 놀기	시간	분

 오늘의 준비

오늘의 할일을 적어봐요!

일어난 시간	시	분	날 씨				
오늘 꼭! 할 일							

꼼꼼히 숙제하기	시간	분
열심히 공부하기	시간	분
즐겁게 책읽기	시간	분
잼있게 놀기	시간	분

32 몇십 + 몇십

몇십 + 몇십을 밑으로 계산하기(세로셈하기)

50+30을 계산하기 위해서 50을 적고 30을
10개 묶음의 자리와 낱개의 자리에 맞추어
아래에 적습니다. 계산은 낱개의 자리끼리
더한 다음, 10개 묶음의 자리끼리 더해 줍니다.

50과 30은 낱개의 개수가 모두 0이므로
10개 묶음의 자리끼리만 더해 주면 80이 됩니다.

```
  5 0        5 0        5 0
+ 3 0   →  + 3 0   →  + 3 0
──────     ──────     ──────
                0         8 0
```

자리에 맞추어   낱개 숫자끼리   10개묶음
적어줍니다.   더해줍니다.   숫자끼리
                                        더해줍니다.

아래의 덧셈을 세로셈으로 바꾸어 계산해 보세요.

1 30 + 10 →
```
  3 0
+ 1 0
──────
```

5 70 + 20 →
```
+
──────
```

2 40 + 30 →
```
  4 0
+
──────
```

6 80 + 10 →
```
+
──────
```

3 50 + 40 →
```
  5 0
+
──────
```

7 40 + 50 →
```
+
──────
```

4 60 + 20 →
```
  6 0
+
──────
```

8 60 + 30 →
```
+
──────
```

tip 10개 묶음 3개와 10개 묶음 5개를 더하면 10개 묶음 8개로 80입니다.

14 문제 중 문제 맞았어!

9 60 + 20 →

10 80 + 10 →

11 60 + 30 →

12 20 + 50 →

13 40 + 30 →

14 20 + 70 →

어제의 기록

어제했던 시간을 표시해봐요!

쿨쿨 잠자기	시간	분
열심히 공부하기	시간	분
즐겁게 책읽기	시간	분
잼있게 놀기	시간	분

오전　　오후

7 8 9 10 11 12 1 2 3 4 5 6 7 8 9 10

오늘의 준비

오늘의 할일을 적어봐요!

일어난 시간	시	분	날 씨	☀ ⛅ 🌧 ⛄
오늘 꼭! 할일				

꼼꼼히 숙제하기	시간	분
열심히 공부하기	시간	분
즐겁게 책읽기	시간	분
잼있게 놀기	시간	분

오전　　오후

7 8 9 10 11 12 1 2 3 4 5 6 7 8 9 10

월 일
분 초

몇십 몇 + 몇십 몇을 밑으로 계산하기(세로셈하기)

54+32를 계산하기 위해서 54를 적고 32를
10개 묶음의 자리와 낱개의 자리에 맞추어
아래에 적습니다. 계산은 낱개의 자리끼리
더한 다음, 10개 묶음의 자리끼리 더해 줍니다.

10개 묶음 5개 + 10개 묶음 3개 = 10개 묶음 8개
낱개 4개 + 낱개 2개 = 낱개 6개이므로 86 입니다.

```
  5 4         5 4          5 4
+ 3 2    →  + 3 2    →   + 3 2
            ─────        ─────
                6          8 6
```

자리에 맞추어 / 낱개 숫자끼리 / 10개묶음
적어줍니다. / 더해줍니다. / 숫자끼리
더해줍니다.

아래의 덧셈을 세로셈으로 바꾸어 계산해 보세요.

1 32 + 14 →
```
  3 2
+ 1 4
─────
```

5 73 + 24 →
```
+
─────
```

2 41 + 35 →
```
  4 1
+
─────
```

6 82 + 13 →
```
+
─────
```

3 52 + 46 →
```
  5 2
+
─────
```

7 42 + 56 →
```
+
─────
```

4 65 + 23 →
```
  6 5
+
─────
```

8 64 + 35 →
```
+
─────
```

tip 낱개자리(일의자리)부터 같은 자리에 있는 수끼리끼리 더하면 됩니다.

14 문제 중
문제
맞았어!

9 $62 + 26$ →

10 $81 + 15$ →

11 $62 + 37$ →

12 $25 + 52$ →

13 $43 + 35$ →

14 $21 + 77$ →

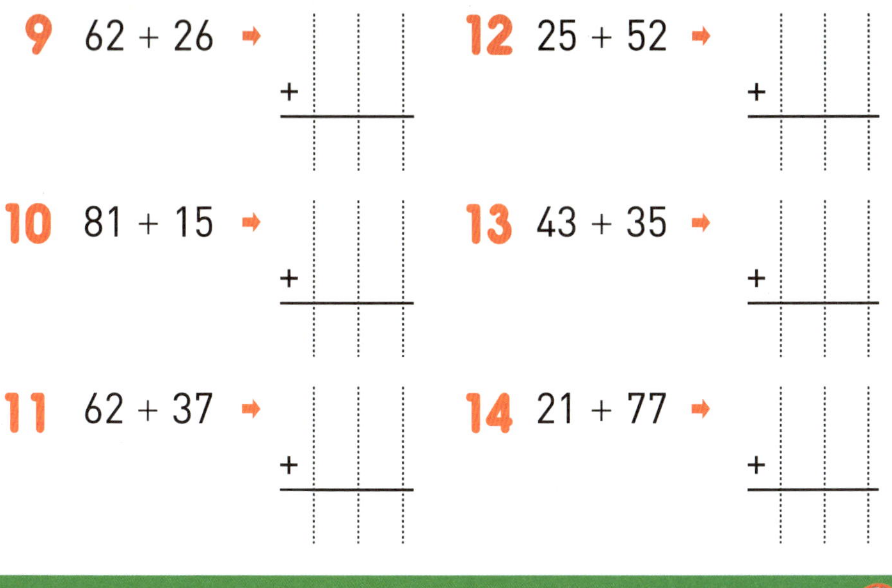

어제의 기록

어제했던 시간을 표시해봐요!

쿨쿨 잠자기	시간	분
열심히 공부하기	시간	분
즐겁게 책읽기	시간	분
잼있게 놀기	시간	분

오늘의 준비

오늘의 할일을 적어봐요!

일어난 시간	시	분	날씨				
오늘 꼭! 할 일							

꼼꼼히 숙제하기	시간	분
열심히 공부하기	시간	분
즐겁게 책읽기	시간	분
잼있게 놀기	시간	분

 소리내 풀기

아래를 계산해 보세요.

1		2	0
	+		4

5		3	2
	+		6

9		4	0
	+	1	0

2		3	0
	+		2

6		4	3
	+		5

10		5	0
	+	3	0

3		5	0
	+		6

7		6	4
	+		3

11		7	0
	+	2	0

4		7	0
	+		8

8		8	1
	+		7

12		2	0
	+	6	0

tip 적은 양이라도 꾸준히 노력하면 큰 것을 이룰 수가 있습니다.

13
$$\begin{array}{cc} & 3\ 0 \\ +\ & 1\ 0 \\ \hline \end{array}$$

14
$$\begin{array}{cc} & 2\ 0 \\ +\ & 5\ 0 \\ \hline \end{array}$$

15
$$\begin{array}{cc} & 2\ 0 \\ +\ & 4\ 4 \\ \hline \end{array}$$

16
$$\begin{array}{cc} & 1\ 2 \\ +\ & 6\ 6 \\ \hline \end{array}$$

17
$$\begin{array}{cc} & 4\ 6 \\ +\ & 5\ 2 \\ \hline \end{array}$$

18
$$\begin{array}{cc} & 3\ 7 \\ +\ & 1\ 0 \\ \hline \end{array}$$

19
$$\begin{array}{cc} & 4\ 5 \\ +\ & 4\ 0 \\ \hline \end{array}$$

20
$$\begin{array}{cc} & 2\ 7 \\ +\ & 1\ 2 \\ \hline \end{array}$$

21
$$\begin{array}{cc} & 5\ 6 \\ +\ & 4\ 3 \\ \hline \end{array}$$

어제의 기록

어제했던 시간을 표시해봐요!

쿨쿨 잠자기   시간   분

열심히 공부하기   시간   분

즐겁게 책읽기   시간   분

잼있게 놀기   시간   분

오늘의 준비

오늘의 할일을 적어봐요!

일어난 시간	시	분	날씨				
오늘 꼭! 할일							

꼼꼼히 숙제하기   시간   분

열심히 공부하기   시간   분

즐겁게 책읽기   시간   분

잼있게 놀기   시간   분

35 밑으로 더하기(연습2)

아래를 계산해 보세요.

1
```
    2  4
+   2  4
```

5
```
    3  2
+   4  0
```

9
```
    4  3
+   1  2
```

2
```
    3  6
+   4  2
```

6
```
    4  3
+   2  3
```

10
```
    5  6
+   3  1
```

3
```
    5  4
+   2  5
```

7
```
    6  4
+   1  2
```

11
```
    7  5
+   2  2
```

4
```
    7  2
+   1  7
```

8
```
    8  1
+   1  5
```

12
```
    2  3
+   6  4
```

tip 0(영)도 수입니다. 영어로 zero라 쓰고, 제로라고 읽습니다.

21 문제 중 문제 맞았어!

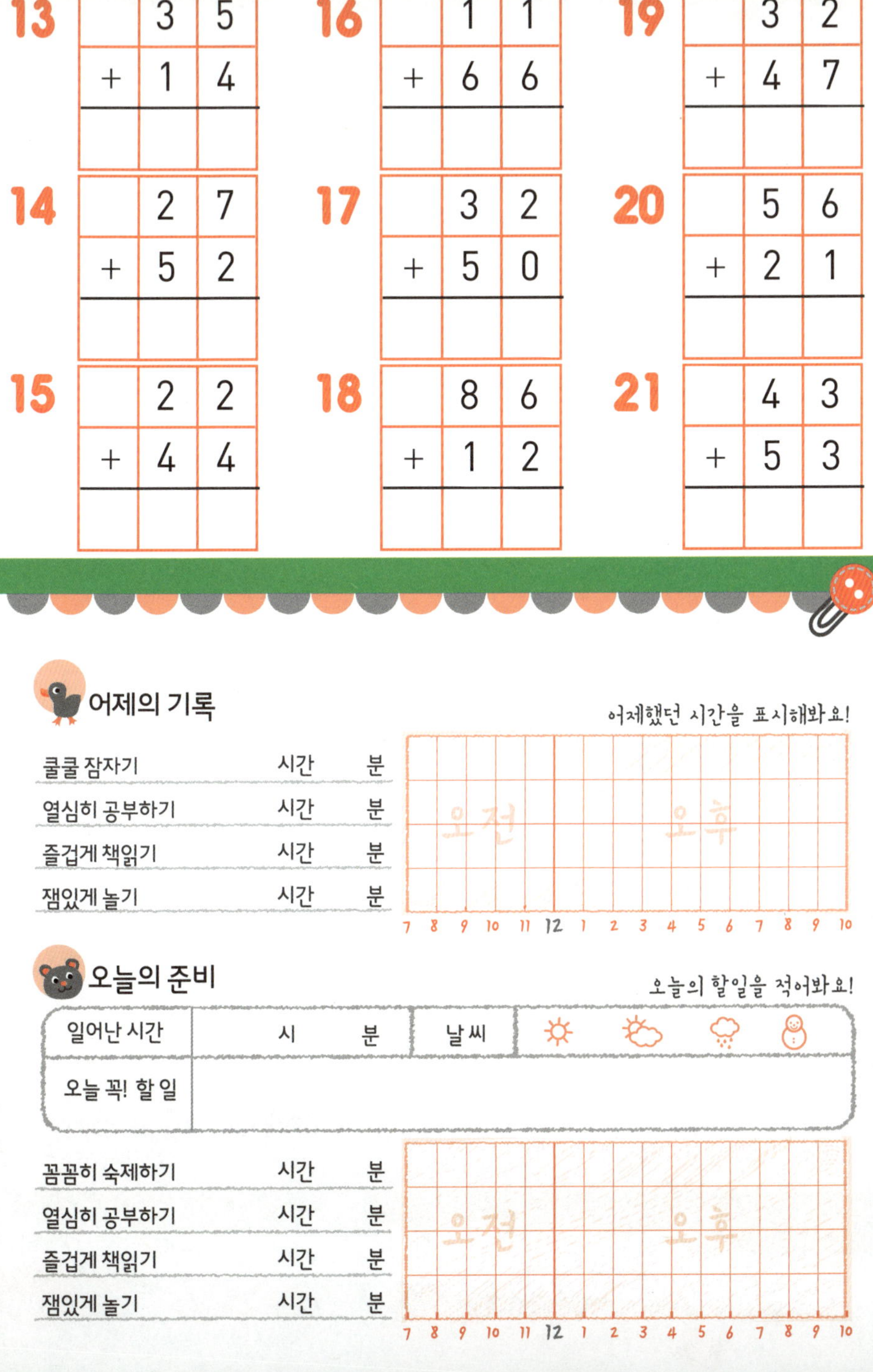

13　　3 5
　　+ 1 4

16　　1 1
　　+ 6 6

19　　3 2
　　+ 4 7

14　　2 7
　　+ 5 2

17　　3 2
　　+ 5 0

20　　5 6
　　+ 2 1

15　　2 2
　　+ 4 4

18　　8 6
　　+ 1 2

21　　4 3
　　+ 5 3

어제의 기록

어제했던 시간을 표시해봐요!

쿨쿨 잠자기	시간	분
열심히 공부하기	시간	분
즐겁게 책읽기	시간	분
잼있게 놀기	시간	분

오늘의 준비

오늘의 할일을 적어봐요!

일어난 시간	시	분	날씨				
오늘 꼭! 할 일							

꼼꼼히 숙제하기	시간	분
열심히 공부하기	시간	분
즐겁게 책읽기	시간	분
잼있게 놀기	시간	분

36 몇십 몇 - 몇

소리내 읽기

몇십 몇 - 몇을 밑으로 계산하기(세로셈하기)

35-4를 계산하기 위해서는 먼저 35를 적고
35의 낱개 개수 5의 바로 밑에 4를 적습니다.
낱개끼리인 5에서 4를 빼서 바로 밑에 적고
35의 10개씩 묶음 수인 3을 내려 줍니다.

35는 10개 묶음이 3개, 낱개가 5개인 수입니다.
4는 10개 묶음이 0개, 낱개 4개인 수입니다.

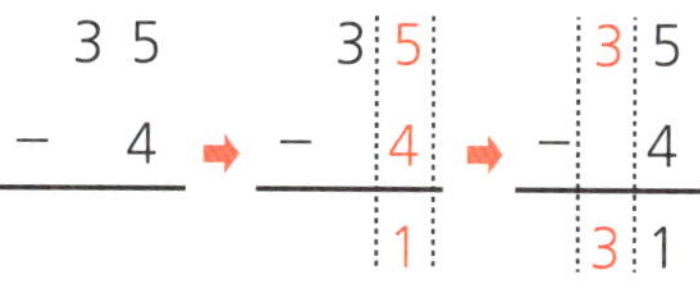

	3 5	3 **5**	**3** 5
	− 4	− 4	− 4
		1	3 1

35를 적고
− 적고, 4를
자리에 맞추어 적습니다.

낱개 숫자끼리
빼줍니다.

10개 묶음
숫자를
내려씁니다.

소리내 풀기

아래의 뺄셈을 세로셈으로 바꾸어 계산해 보세요.

1   35 − 1 ➡
```
   3 5
 −   1
 ─────
```

5   76 − 2 ➡

2   43 − 2 ➡
```
   4 3
 −
 ─────
```

6   85 − 4 ➡

3   55 − 3 ➡
```
   5 5
 −
 ─────
```

7   92 − 2 ➡

4   67 − 1 ➡
```
   6 7
 −
 ─────
```

8   64 − 0 ➡

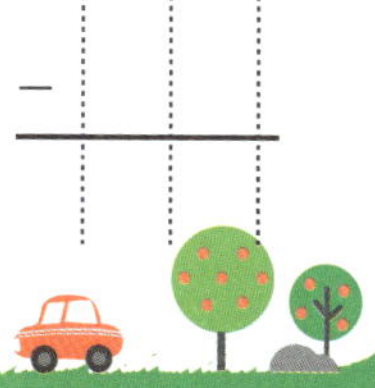

tip 30−5는 25이지만 5−30는 계산할수 없습니다. 뺄셈은 순서를 바꾸면 안돼요.

14문제 중 __ 문제 맞았어!

9 67 − 6 →

10 89 − 7 →

11 76 − 4 →

12 96 − 5 →

13 49 − 7 →

14 57 − 3 →

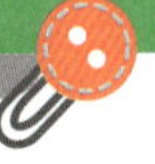

어제의 기록

어제했던 시간을 표시해봐요!

쿨쿨 잠자기	시간	분
열심히 공부하기	시간	분
즐겁게 책읽기	시간	분
잼있게 놀기	시간	분

오전 오후

7 8 9 10 11 12 1 2 3 4 5 6 7 8 9 10

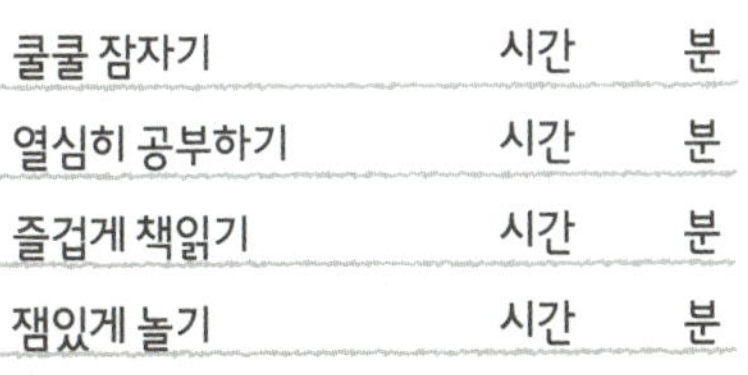

오늘의 준비

오늘의 할일을 적어봐요!

일어난 시간	시 분	날씨	
오늘 꼭! 할 일			

꼼꼼히 숙제하기	시간	분
열심히 공부하기	시간	분
즐겁게 책읽기	시간	분
잼있게 놀기	시간	분

오전 오후

7 8 9 10 11 12 1 2 3 4 5 6 7 8 9 10

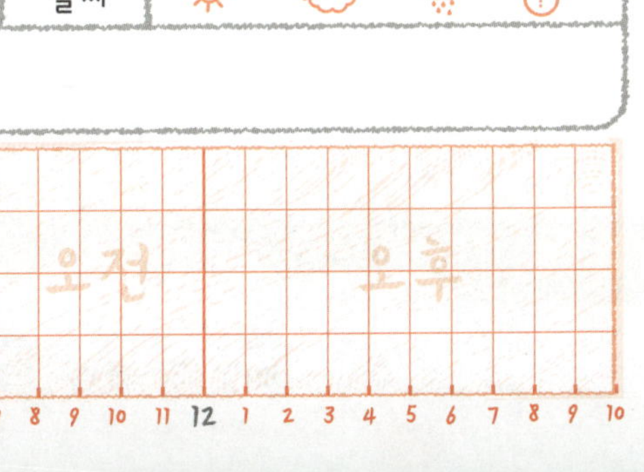

37 몇십 - 몇십

Mon 월 일
분 초

몇십 – 몇십을 밑으로 계산하기(세로셈하기)

50-30을 계산하기 위해서 50을 적고 30을
10개 묶음의 자리와 낱개의 자리에 맞추어
아래에 적습니다. 계산은 낱개의 자리끼리
뺀 다음, 10개 묶음의 자리끼리 빼 줍니다.

50과 30은 10개 묶음수만 5개, 3개가 있으므로
낱개는 당연히 0 빼기 0으로 0입니다.

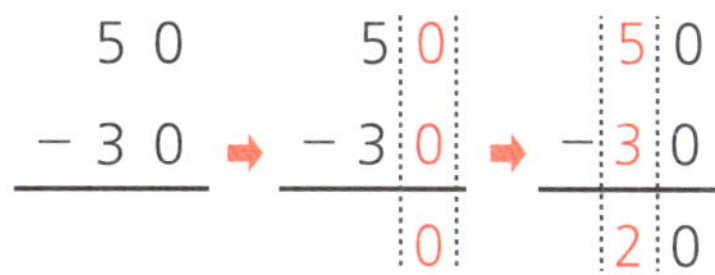

```
  5 0        5|0        |5 0
- 3 0   →  - 3|0   →  -|3 0
           ――――――     ―――――――
             |0        |2 0
```

50을 먼저 적고   낱개 숫자끼리   10개묶음
– 표시하고, 30을   빼줍니다.   숫자끼리
자리에 맞추어 적습니다.   빼줍니다.

아래의 뺄셈을 세로셈으로 바꾸어 계산해 보세요.

1 30 – 10 →
```
  3 0
- 1 0
―――――
```

5 70 – 20 →
```
-
―――――
```

2 40 – 30 →
```
  4 0
-
―――――
```

6 80 – 10 →
```
-
―――――
```

3 50 – 40 →
```
  5 0
-
―――――
```

7 90 – 50 →
```
-
―――――
```

4 60 – 20 →
```
  6 0
-
―――――
```

8 60 – 60 →
```
-
―――――
```

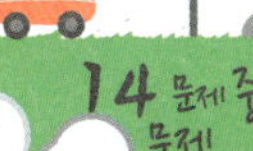

tip 일의 자리 숫자끼리, 십의 자리 숫자끼리 빼주면 됩니다. 끼리끼리 빼줍니다.

14 문제 중 문제 맞았어!

9 60 − 20 →

10 80 − 10 →

11 60 − 30 →

12 90 − 50 →

13 70 − 30 →

14 80 − 70 →

 어제의 기록

어제했던 시간을 표시해봐요!

쿨쿨 잠자기	시간	분
열심히 공부하기	시간	분
즐겁게 책읽기	시간	분
잼있게 놀기	시간	분

오늘의 준비

오늘의 할일을 적어봐요!

일어난 시간	시	분	날씨				
오늘 꼭! 할 일							

꼼꼼히 숙제하기	시간	분
열심히 공부하기	시간	분
즐겁게 책읽기	시간	분
잼있게 놀기	시간	분

38 몇십 몇 - 몇십 몇

소리내 읽기

몇십 몇 - 몇십 몇을 밑으로 계산하기(세로셈하기)

54−32를 계산하기 위해서 54를 적고 32를 10개 묶음의 자리와 낱개의 자리에 맞추어 아래에 적습니다. 계산은 낱개의 자리끼리 뺀 다음, 10개 묶음의 자리끼리 빼줍니다.

10개 묶음 5개 − 10개 묶음 3개 = 10개 묶음 2개
낱개 4개 − 낱개 2개 = 낱개 2개, 그래서 22입니다.

$$\begin{array}{r} 5\,4 \\ -\,3\,2 \\ \hline \end{array} \rightarrow \begin{array}{r} 5\,4 \\ -\,3\,2 \\ \hline 2 \end{array} \rightarrow \begin{array}{r} 5\,4 \\ -\,3\,2 \\ \hline 2\,2 \end{array}$$

자리에 맞추어 적어줍니다.　낱개의수끼리 빼서 일의자리에 적습니다.　10개묶음수끼리 빼서 10의 자리에 적습니다.

소리내 풀기

아래의 뺄셈을 세로셈으로 바꾸어 계산해 보세요.

1 34 − 12 →
$$\begin{array}{r} 3\ 4 \\ -\ 1\ 2 \\ \hline \end{array}$$

5 74 − 23 →

2 45 − 31 →
$$\begin{array}{r} 4\ 5 \\ -\ \\ \hline \end{array}$$

6 87 − 12 →

3 56 − 43 →
$$\begin{array}{r} 5\ 6 \\ -\ \\ \hline \end{array}$$

7 69 − 59 →

4 65 − 23 →
$$\begin{array}{r} 6\ 5 \\ -\ \\ \hline \end{array}$$

8 95 − 91 →

tip 22에서 앞의 2는 20을 나타내고, 뒤의 2는 낱개 2를 나타냅니다.

14 문제 중 문제 맞았어!

9 68 − 22 →

10 89 − 11 →

11 67 − 36 →

12 99 − 55 →

13 75 − 35 →

14 87 − 82 →

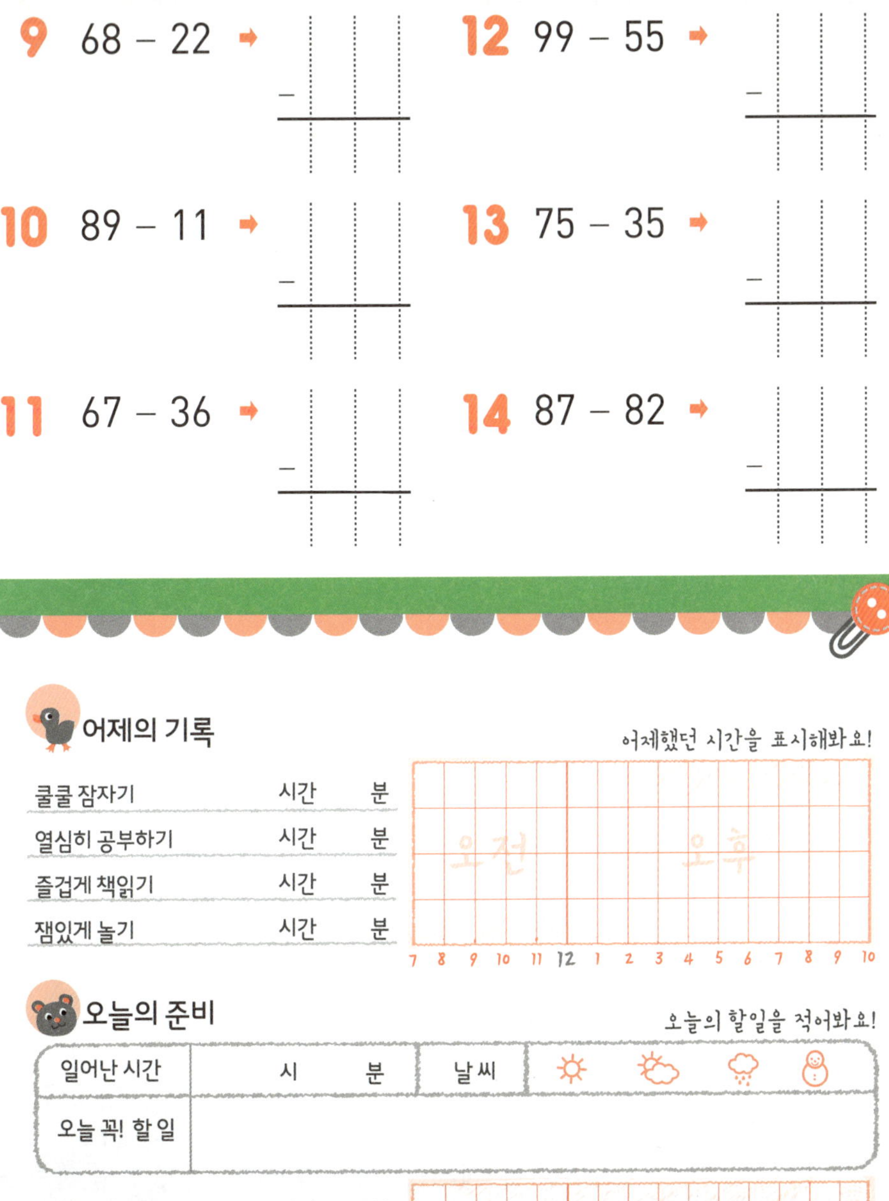

어제의 기록

어제했던 시간을 표시해봐요!

쿨쿨 잠자기	시간	분
열심히 공부하기	시간	분
즐겁게 책읽기	시간	분
잼있게 놀기	시간	분

오늘의 준비

오늘의 할일을 적어봐요!

일어난 시간	시	분	날씨				
오늘 꼭! 할일							

꼼꼼히 숙제하기	시간	분
열심히 공부하기	시간	분
즐겁게 책읽기	시간	분
잼있게 놀기	시간	분

39 밑으로 빼기(연습1)

소리내 풀기 

아래를 계산해 보세요.

21 문제 중 _ 문제 맞았어!

1	2 5
−	4

5	3 8
−	6

9	4 0
−	1 0

2	3 6
−	2

6	4 5
−	5

10	5 0
−	3 0

3	5 9
−	6

7	6 4
−	3

11	7 0
−	2 0

4	7 9
−	8

8	8 8
−	7

12	8 0
−	6 0

tip 계산력은 누구나 잘 할 수 있습니다. 단지 게으른 사람만 못할 뿐입니다.

13		3	7
	−	1	0

14		7	2
	−	5	0

15		6	7
	−	4	4

16		8	8
	−	6	6

17		7	6
	−	5	2

18		3	7
	−	1	0

19		4	5
	−	4	1

20		6	7
	−	2	7

21		5	6
	−	4	3

어제의 기록

어제했던 시간을 표시해봐요!

쿨쿨 잠자기　　　시간　　분
열심히 공부하기　　시간　　분
즐겁게 책읽기　　　시간　　분
잼있게 놀기　　　　시간　　분

오전　　　오후

7 8 9 10 11 12 1 2 3 4 5 6 7 8 9 10

오늘의 준비

오늘의 할일을 적어봐요!

일어난 시간	시	분	날씨	☀ ☁ 🌧 ⛄
오늘 꼭! 할 일				

꼼꼼히 숙제하기　　시간　　분
열심히 공부하기　　시간　　분
즐겁게 책읽기　　　시간　　분
잼있게 놀기　　　　시간　　분

오전　　　오후

7 8 9 10 11 12 1 2 3 4 5 6 7 8 9 10

40 밑으로 빼기(연습2)

아래를 계산해 보세요

1
```
    4 7
-     4
───────
```

2
```
    5 6
-     2
───────
```

3
```
    5 9
-     6
───────
```

4
```
    7 5
-     1
───────
```

5
```
    7 0
-   4 0
───────
```

6
```
    4 3
-   2 0
───────
```

7
```
    6 4
-   1 0
───────
```

8
```
    8 1
-   3 0
───────
```

9
```
    4 3
-   1 2
───────
```

10
```
    5 6
-   3 1
───────
```

11
```
    7 5
-   2 2
───────
```

12
```
    7 7
-   6 4
───────
```

tip 0(영)을 중국에서는 0 혹은 零 이라 쓰는데, 발음은 리잉이라고 들립니다.

21 문제 중 문제 맞았어!

13

	3	5
−	1	4

14

	7	7
−	5	2

15

	8	6
−	4	4

16

	9	9
−	6	6

17

	7	2
−	2	0

18

	5	6
−	1	2

19

	7	7
−	4	7

20

	5	5
−	5	1

21

	6	3
−	5	3

어제의 기록

어제했던 시간을 표시해봐요!

쿨쿨 잠자기	시간	분
열심히 공부하기	시간	분
즐겁게 책읽기	시간	분
잼있게 놀기	시간	분

오늘의 준비

오늘의 할일을 적어봐요!

일어난 시간	시	분	날씨				
오늘 꼭! 할 일							

꼼꼼히 숙제하기	시간	분
열심히 공부하기	시간	분
즐겁게 책읽기	시간	분
잼있게 놀기	시간	분

Mon 월 일
분 초

□ 안에 알맞은 수를 적으세요.

3 + 14
=
| 17 | - 15
=
2

32 + 5
=
5 | | - 13
=
6 | |

32 + 4
=
11 | | - 26
=
12 | |

5 + 12
=
1 | | - 17
=
2 | |

18 + 1
=
7 | | - 18
=
8 | |

6 + 41
=
13 | | - 23
=
14 | |

18 - 2
=
3 | | + 23
=
4 | |

27 - 2
=
9 | | + 14
=
10 | |

46 - 3
=
15 | | + 16
=
16 | |

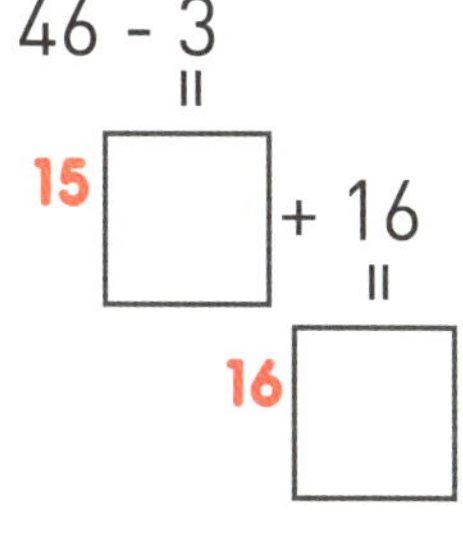

14 **+ 62** → **17** [ ] **− 12** → **18** [ ] 84 **+ 11** → **19** [ ] **− 73** → **20** [ ]

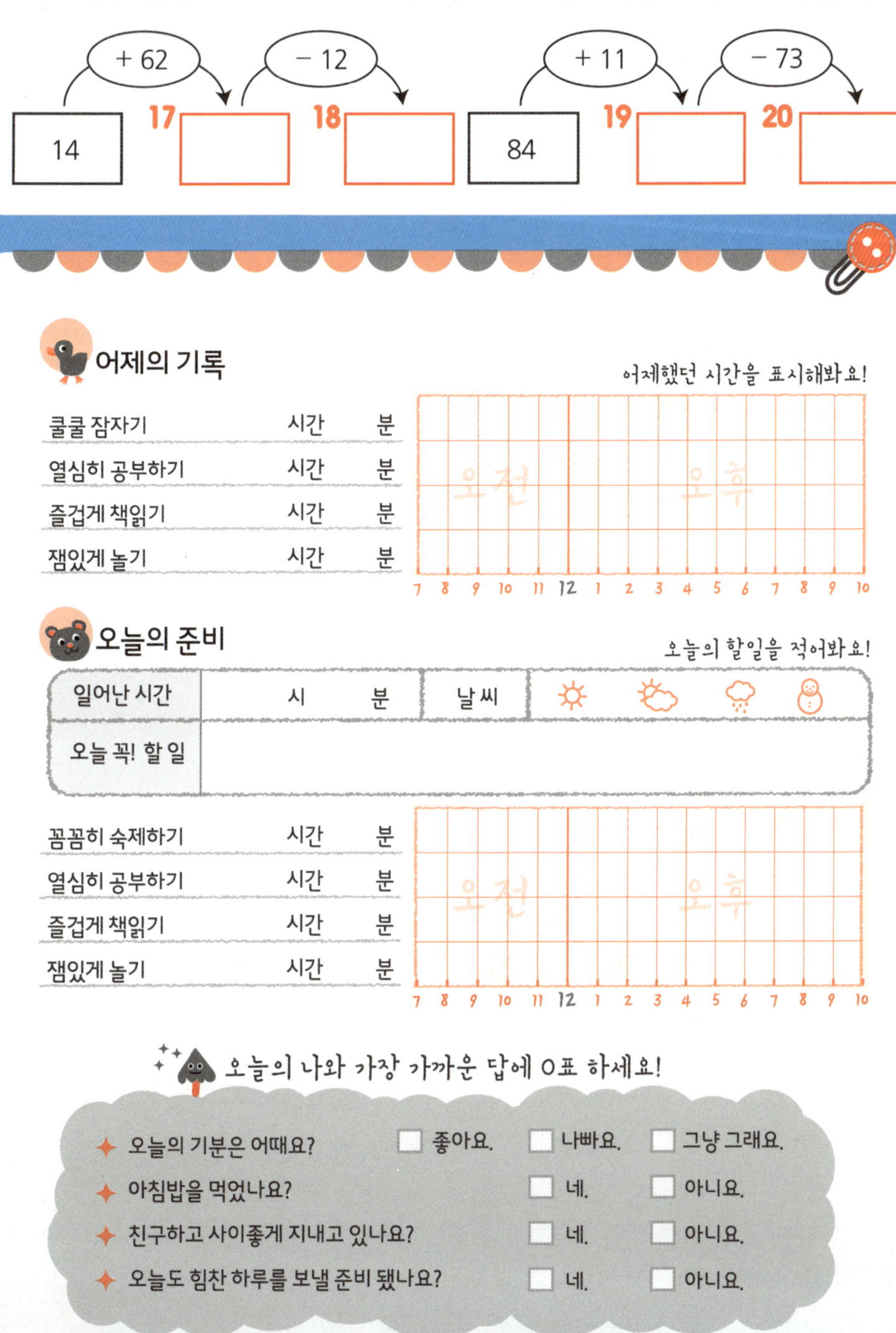

어제의 기록

어제했던 시간을 표시해봐요!

쿨쿨 잠자기	시간	분
열심히 공부하기	시간	분
즐겁게 책읽기	시간	분
잼있게 놀기	시간	분

오늘의 준비

오늘의 할일을 적어봐요!

일어난 시간	시	분	날 씨				
오늘 꼭! 할일							

꼼꼼히 숙제하기	시간	분
열심히 공부하기	시간	분
즐겁게 책읽기	시간	분
잼있게 놀기	시간	분

오늘의 나와 가장 가까운 답에 O표 하세요!

✦ 오늘의 기분은 어때요?　　　　[ ] 좋아요.　[ ] 나빠요.　[ ] 그냥 그래요.

✦ 아침밥을 먹었나요?　　　　　　　　　　　[ ] 네.　[ ] 아니요.

✦ 친구하고 사이좋게 지내고 있나요?　　　　[ ] 네.　[ ] 아니요.

✦ 오늘도 힘찬 하루를 보낼 준비 됐나요?　　[ ] 네.　[ ] 아니요.

42 세 수의 계산(연습4)

 소리내 풀기

□ 안에 알맞은 수를 적으세요.

61 + 28
=
89 - 5
=
84

54 + 25
=
5 □ - 30
=
6 □

65 + 13
=
11 □ - 21
=
12 □

75 + 14
=
1 □ - 7
=
2 □

67 + 31
=
7 □ - 88
=
8 □

76 + 22
=
13 □ - 17
=
14 □

89 - 12
=
3 □ + 11
=
4 □

95 - 15
=
9 □ + 6
=
10 □

61 - 51
=
15 □ + 31
=
16 □

17 31 +62 → **18** −21 → **19** 54 +32 → **20** −16 →

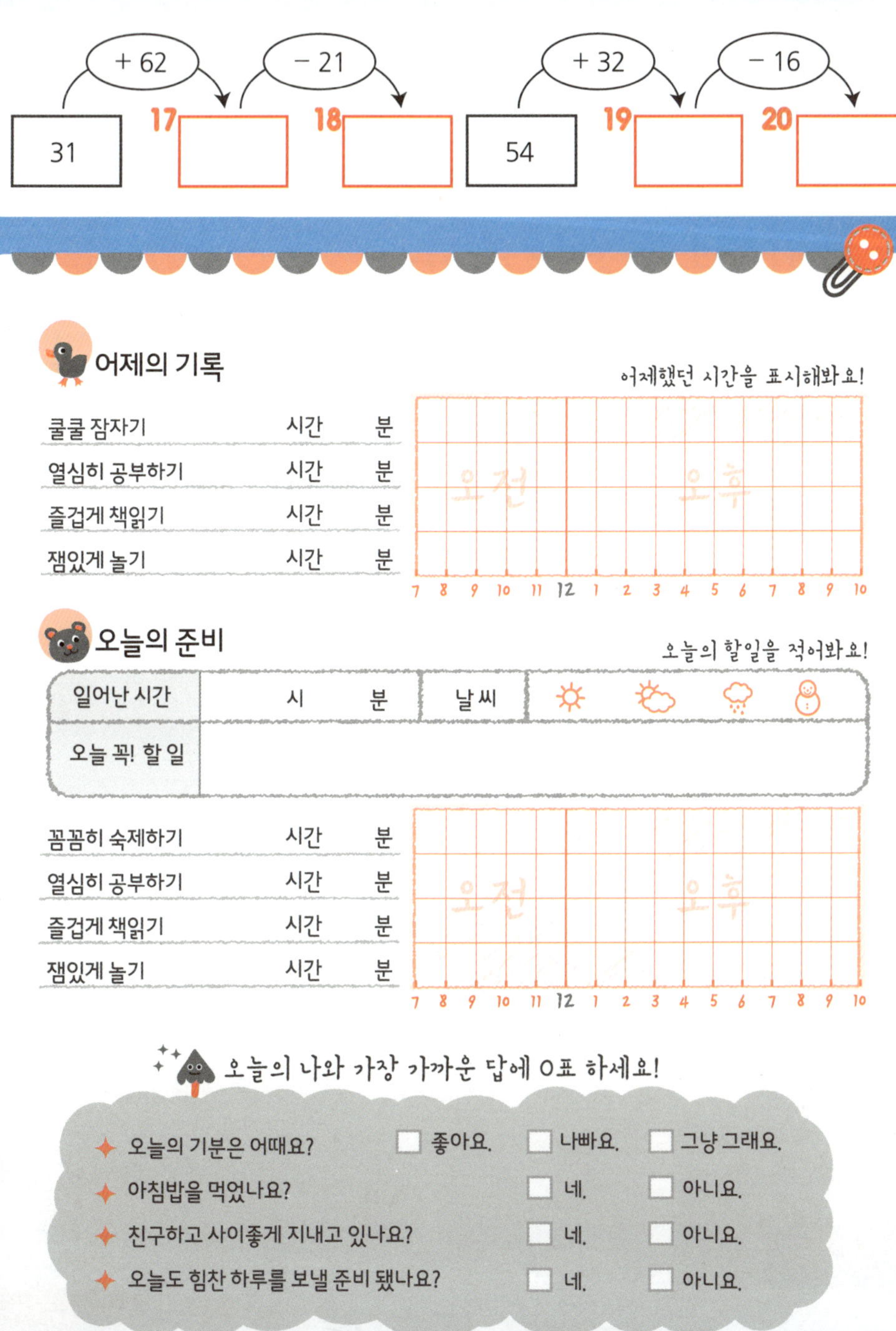

어제의 기록

어제했던 시간을 표시해봐요!

쿨쿨 잠자기	시간	분
열심히 공부하기	시간	분
즐겁게 책읽기	시간	분
잼있게 놀기	시간	분

오전　　오후
7 8 9 10 11 12 1 2 3 4 5 6 7 8 9 10

오늘의 준비

오늘의 할일을 적어봐요!

일어난 시간	시	분	날씨	☀ ☁ 🌧 ⛄
오늘 꼭! 할일				

꼼꼼히 숙제하기	시간	분
열심히 공부하기	시간	분
즐겁게 책읽기	시간	분
잼있게 놀기	시간	분

오전　　오후
7 8 9 10 11 12 1 2 3 4 5 6 7 8 9 10

오늘의 나와 가장 가까운 답에 O표 하세요!

✦ 오늘의 기분은 어때요?　　☐ 좋아요.　☐ 나빠요.　☐ 그냥 그래요.

✦ 아침밥을 먹었나요?　　☐ 네.　☐ 아니요.

✦ 친구하고 사이좋게 지내고 있나요?　　☐ 네.　☐ 아니요.

✦ 오늘도 힘찬 하루를 보낼 준비 됐나요?　　☐ 네.　☐ 아니요.

43 덧셈식과 뺄셈식(1)

사과 몇개와 자두 몇개가 있습니다.

사과 10개에서 자두 4개를 더하면 과일이 14개가 됩니다. 10+4=14

과일 14에서 사과가 10개 있으면 자두는 4개 있습니다. 14-10=4

과일 14개에서 자두가 4개 있으면 사과는 10개 있습니다. 14-4=10

사과10개

자두 4개

과일 14개

전체 과일 개수를 구하는 식
사과 개수 + 자두 개수 = 전체 과일 개수

자두의 개수를 구하는 식
전체 과일 개수 − 자두 개수 = 사과 개수

사과의 개수를 구하는 식
전체 과일 개수 − 사과 개수 = 자두 개수

덧셈식을 잘 보고, □안에 들어갈 알맞은 수를 적으세요.

1 10 + 6 = 16

16 − □ = □

5 10 + 16 = 26

26 − □ = □

2 10 + 6 = 16

16 − □ = □

6 10 + 16 = 26

26 − □ = □

3 22 + 7 = 29

29 − □ = □

7 32 + 15 = 47

47 − □ = □

4 22 + 7 = 29

29 − □ = □

8 32 + 15 = 47

47 − □ = □

tip 외우지 말고, 뜻을 생각해 봅니다. 말을 바꿔서 하는 방법을 배우는 중입니다.

9 $48 - \boxed{} = \boxed{}$

$42 + 6 = 48$

$48 - \boxed{} = \boxed{}$

11 $64 - \boxed{} = \boxed{}$

$52 + 12 = 64$

$64 - \boxed{} = \boxed{}$

10 $77 - \boxed{} = \boxed{}$

$61 + 16 = 77$

$77 - \boxed{} = \boxed{}$

12 $87 - \boxed{} = \boxed{}$

$77 + 10 = 87$

$87 - \boxed{} = \boxed{}$

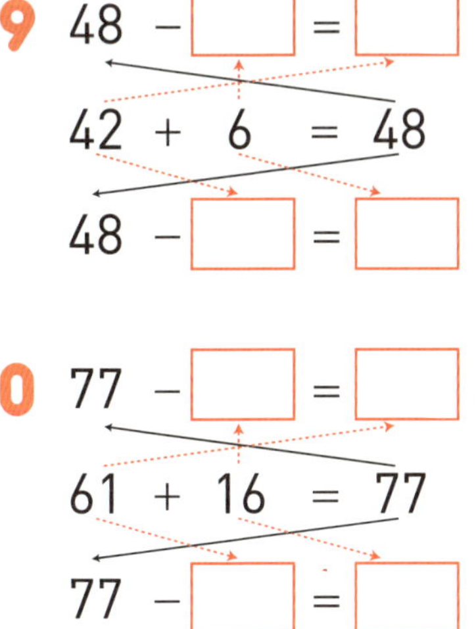 어제의 기록

어제했던 시간을 표시해봐요!

쿨쿨 잠자기	시간	분
열심히 공부하기	시간	분
즐겁게 책읽기	시간	분
잼있게 놀기	시간	분

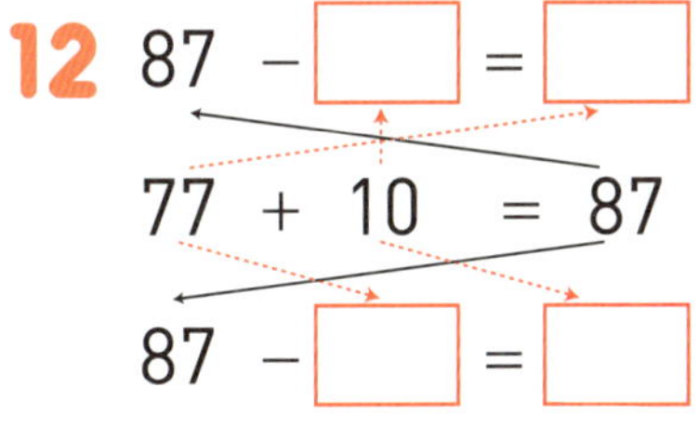

 오늘의 준비

오늘의 할일을 적어봐요!

일어난 시간	시	분	날씨				
오늘 꼭! 할 일							

꼼꼼히 숙제하기	시간	분
열심히 공부하기	시간	분
즐겁게 책읽기	시간	분
잼있게 놀기	시간	분

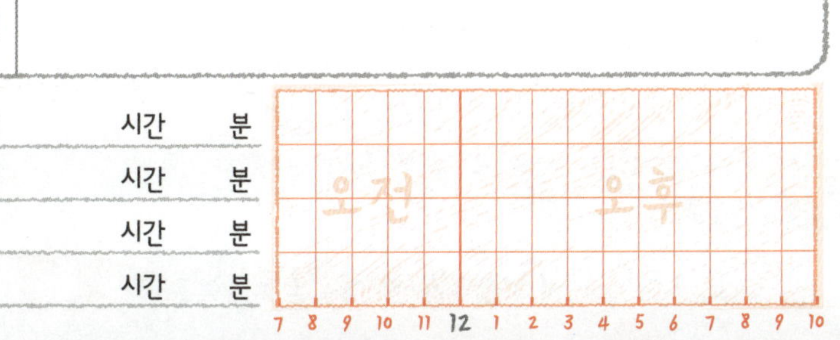
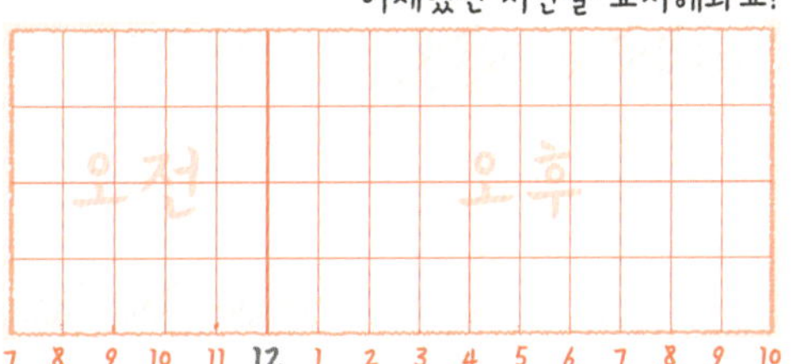

44 덧셈식과 뺄셈식(2)

소리내 읽기

처음에는 사과가 14개 있었습니다.

사과 14개에서 동생에게 4개를 주었더니 10개가 남았습니다. 14−4=10

지금있는 사과 10개와 동생에게 준 4개를 더하면 처음에 있었던 사과 개수 14개를 알 수 있습니다. 10+4=14
4+10=14 로도 구할 수 있습니다.

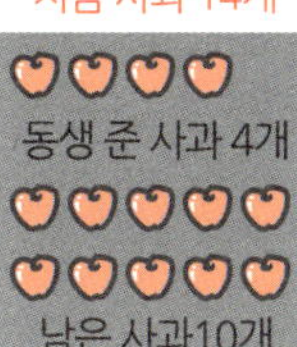

남은 개수 구하는 식
처음 개수 − 없어진 개수 = 남은 개수

처음 개수 구하는 식
남은 개수 + 없어진 개수 = 처음 개수
없어진 개수 + 남은 개수 = 처음 개수

소리내 풀기

빼셈식을 잘 보고, ☐안에 들어갈 알맞은 수를 적으세요.

1 16 − 6 = 10
10 + ☐ = ☐

5 10 − 6 = 4
4 + ☐ = ☐

2 16 − 6 = 10
6 + ☐ = ☐

6 10 − 6 = 4
6 + ☐ = ☐

3 39 − 9 = 30
30 + ☐ = ☐

7 28 − 7 = 21
21 + ☐ = ☐

4 39 − 9 = 30
9 + ☐ = ☐

8 28 − 7 = 21
7 + ☐ = ☐

tip 사과 10개 + 동생에게 준 사과 4개 = 동생에게 준 사과 4개 + 사과10개 = 14개

12 문제 중 ☐문제 맞았기!

9 42 + ☐ = ☐
48 − 6 = 42
6 + ☐ = ☐

11 52 + ☐ = ☐
64 − 12 = 52
12 + ☐ = ☐

10 61 + ☐ = ☐
77 − 16 = 61
16 + ☐ = ☐

12 77 + ☐ = ☐
87 − 10 = 77
10 + ☐ = ☐

어제의 기록

어제했던 시간을 표시해봐요!

쿨쿨 잠자기	시간	분
열심히 공부하기	시간	분
즐겁게 책읽기	시간	분
잼있게 놀기	시간	분

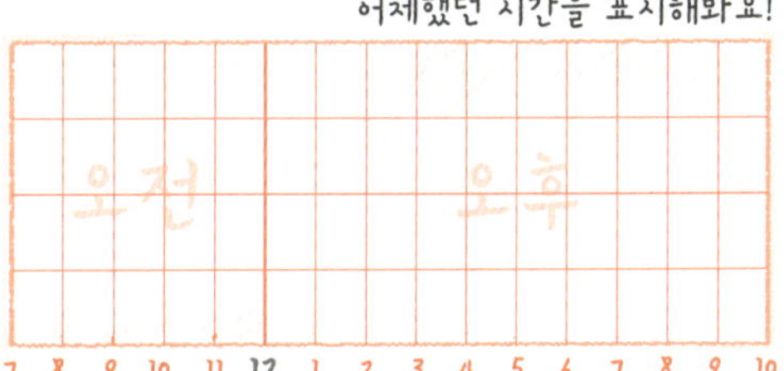

오늘의 준비

오늘의 할일을 적어봐요!

일어난 시간	시	분	날씨	☀ ⛅ 🌧 ⛄
오늘 꼭! 할일				

꼼꼼히 숙제하기	시간	분
열심히 공부하기	시간	분
즐겁게 책읽기	시간	분
잼있게 놀기	시간	분

 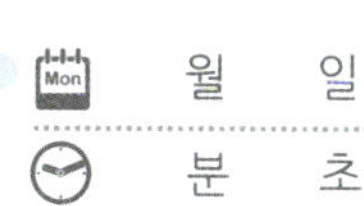

Mon 월 일
분 초

덧셈식은 뺄셈식으로, 뺄셈식은 덧셈식으로 바꾸어 보세요.

1 16 + 4 = 20

20 − [4] = [ ]

20 − [16] = [ ]

2 10 + 9 = 19

19 − [ ] = [ ]

19 − [ ] = [ ]

3 6 + 14 = 20

20 − [ ] = [ ]

20 − [ ] = [ ]

4 25 + 13 = 38

38 − [ ] = [ ]

38 − [ ] = [ ]

5 20 − 4 = 16

16 + [4] = [ ]

4 + [16] = [ ]

6 19 − 9 = 10

10 + [ ] = [ ]

9 + [ ] = [ ]

7 27 − 4 = 23

4 + [ ] = [ ]

23 + [ ] = [ ]

8 29 − 13 = 16

16 + [ ] = [ ]

13 + [ ] = [ ]

tip 위에 나와 있는 수의 위치를 바꾸면 덧셈식을 뺄셈식으로 바꿀수 있습니다.

12 문제 중 문제 맞았기!

9 $52 + 14 = 66$

$66 - \boxed{} = \boxed{}$

$66 - \boxed{} = \boxed{}$

11 $72 - 11 = 61$

$11 + \boxed{} = \boxed{}$

$61 + \boxed{} = \boxed{}$

10 $62 + 27 = 89$

$89 - \boxed{} = \boxed{}$

$89 - \boxed{} = \boxed{}$

12 $49 - 19 = 30$

$19 + \boxed{} = \boxed{}$

$30 + \boxed{} = \boxed{}$

어제의 기록

어제했던 시간을 표시해봐요!

쿨쿨 잠자기	시간	분
열심히 공부하기	시간	분
즐겁게 책읽기	시간	분
잼있게 놀기	시간	분

오전 오후

7 8 9 10 11 12 1 2 3 4 5 6 7 8 9 10

오늘의 준비

오늘의 할일을 적어봐요!

일어난 시간	시	분	날씨				
오늘 꼭! 할일							

꼼꼼히 숙제하기	시간	분
열심히 공부하기	시간	분
즐겁게 책읽기	시간	분
잼있게 놀기	시간	분

오전 오후

7 8 9 10 11 12 1 2 3 4 5 6 7 8 9 10

46 계산(연습1)

소리내
풀기

색칠한 칸의 제일 옆에 있는 수와 제일 위에 있는 수를 계산해 보세요.

14+12 의
값을 적으세요.

+	12	13	14	15
14	26			
13				
12	24			

29-12 의
값을 적으세요.

−	12	13	14	15
29	17			
28				
27	15			

tip 천천히 계산해 보세요. 더 하고 싶으면 100칸 계산표를 사용하세요. (자료실)

28 문제 중
문제
맞았어!

21   +12 → **25**   −13 → **26**   **32**   +32 → **27**   −12 → **28**

어제의 기록

어제했던 시간을 표시해봐요!

쿨쿨 잠자기	시간	분
열심히 공부하기	시간	분
즐겁게 책읽기	시간	분
잼있게 놀기	시간	분

오전   오후

7 8 9 10 11 12 1 2 3 4 5 6 7 8 9 10

오늘의 준비

오늘의 할일을 적어봐요!

일어난 시간	시	분	날씨				
오늘 꼭! 할일							

꼼꼼히 숙제하기	시간	분
열심히 공부하기	시간	분
즐겁게 책읽기	시간	분
잼있게 놀기	시간	분

오전   오후

7 8 9 10 11 12 1 2 3 4 5 6 7 8 9 10

오늘의 나와 가장 가까운 답에 O표 하세요!

✦ 오늘의 기분은 어때요? ☐ 좋아요. ☐ 나빠요. ☐ 그냥 그래요.

✦ 아침밥을 먹었나요? ☐ 네. ☐ 아니요.

✦ 친구하고 사이좋게 지내고 있나요? ☐ 네. ☐ 아니요.

✦ 오늘도 힘찬 하루를 보낼 준비 됐나요? ☐ 네. ☐ 아니요.

47 계산(연습2)

소리내 풀기

색칠한 칸의 제일 옆에 있는 수에서 제일 위의 수를 계산 해 보세요.

14+15 의
값을 적으세요

+	15	11	14	13
14				
32				
43				

26-14 의
값을 적으세요

−	14	12	15	11
26				
49				
37				

tip 계산하는 방법은 똑 같습니다. 자릿수만 커질뿐입니다. 천천히 계산하세요.

28 문제 중
문제
맞았어!

25 63 +25 → ☐ **26** ☐ −43 → ☐ **27** 44 +55 → ☐ **28** ☐ −89 → ☐

어제의 기록

어제했던 시간을 표시해봐요!

쿨쿨 잠자기	시간	분
열심히 공부하기	시간	분
즐겁게 책읽기	시간	분
잼있게 놀기	시간	분

오전　　오후

7 8 9 10 11 12 1 2 3 4 5 6 7 8 9 10

오늘의 준비

오늘의 할일을 적어봐요!

일어난 시간	시	분	날씨	☀ ☁ 🌧 ⛄
오늘 꼭! 할일				

꼼꼼히 숙제하기	시간	분
열심히 공부하기	시간	분
즐겁게 책읽기	시간	분
잼있게 놀기	시간	분

오전　　오후

7 8 9 10 11 12 1 2 3 4 5 6 7 8 9 10

오늘의 나와 가장 가까운 답에 O표 하세요!

- ◆ 오늘의 기분은 어때요?　☐ 좋아요.　☐ 나빠요.　☐ 그냥 그래요.
- ◆ 아침밥을 먹었나요?　☐ 네.　☐ 아니요.
- ◆ 친구하고 사이좋게 지내고 있나요?　☐ 네.　☐ 아니요.
- ◆ 오늘도 힘찬 하루를 보낼 준비 됐나요?　☐ 네.　☐ 아니요.

48 시계 보는 방법(1)

소리내 읽기

시계는 긴바늘과 짧은 바늘이 있습니다.

짧은 바늘은 [시]를 나타냅니다.

1과 2 사이에 있으면 1시 몇분입니다.

7과 8 사이에 있으면 7시 몇분입니다.

긴 바늘은 [분]을 나타냅니다.

12에 있으면 몇시 정각, 6에 있으면 몇시 반(30분)입니다.

1시 정각

1시 반 (1시 30분)

소리내 풀기

아래 시계를 보고, 몇시 몇분인지 적으세요.

1

(10 시   분)

3

(시   분)

5

(시   분)

2

(시   분)

4

(시   분)

6

(시   분)

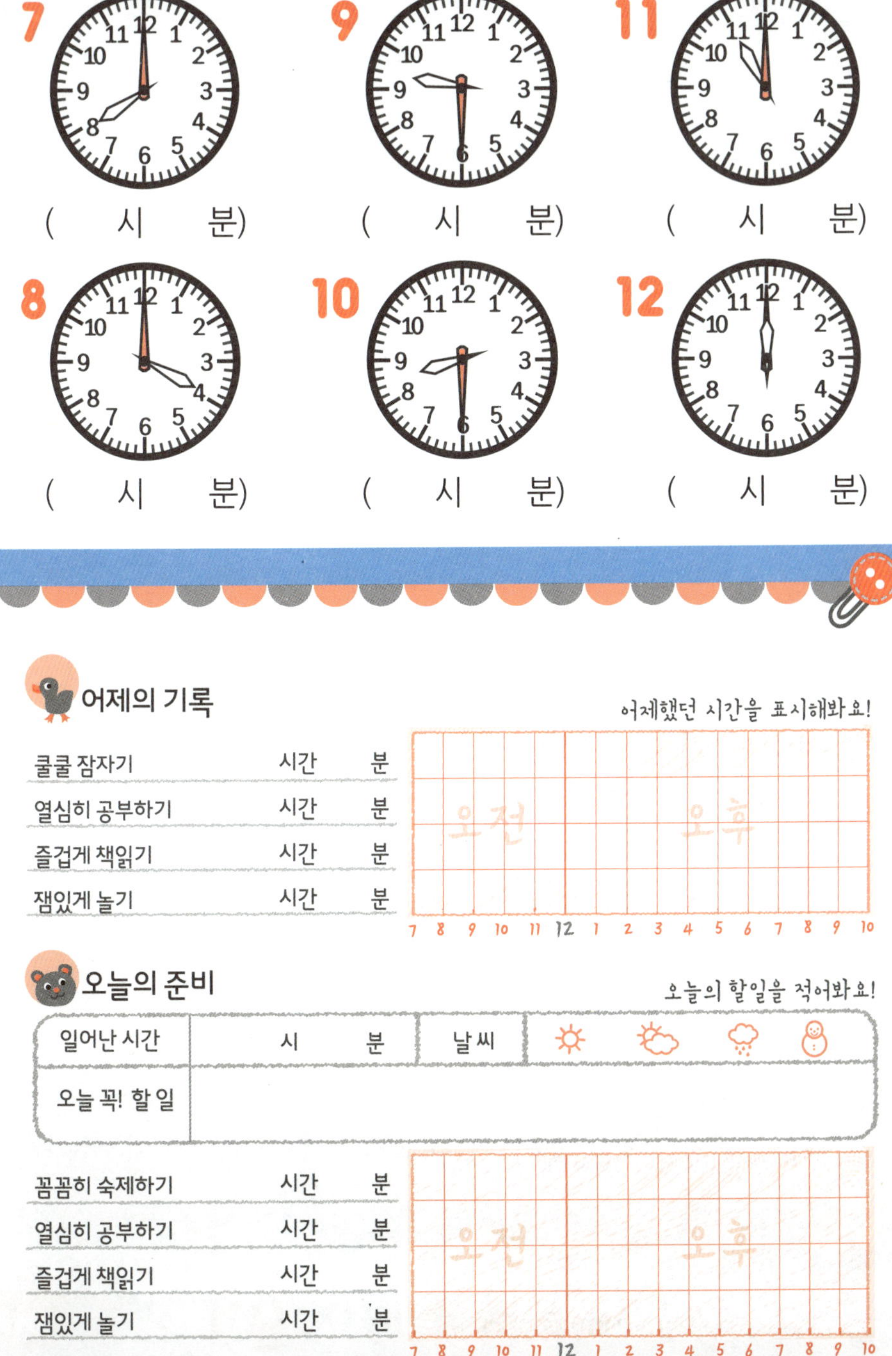

7 (시 분)

9 (시 분)

11 (시 분)

8 (시 분)

10 (시 분)

12 (시 분)

어제의 기록

어제했던 시간을 표시해봐요!

쿨쿨 잠자기	시간	분
열심히 공부하기	시간	분
즐겁게 책읽기	시간	분
잼있게 놀기	시간	분

오전　오후

7 8 9 10 11 12 1 2 3 4 5 6 7 8 9 10

오늘의 준비

오늘의 할일을 적어봐요!

일어난 시간	시	분	날씨				
오늘 꼭! 할 일							

꼼꼼히 숙제하기	시간	분
열심히 공부하기	시간	분
즐겁게 책읽기	시간	분
잼있게 놀기	시간	분

오전　오후

7 8 9 10 11 12 1 2 3 4 5 6 7 8 9 10

49 시계 보는 방법 (2)

[분]은 5분씩 올라갑니다.

긴 바늘이 1에 있으면 5분, 2는 10분...
11은 55분, 12에 있으면 정각입니다.
1과 2 사이의 한개의 눈금은 1분을 표시합니다.
긴 바늘이 0에서 1까지 가려면 5칸을 가는 것으로 5분입니다.
긴 바늘이 2에서 작은 눈금 3칸을 더 가면, 13분입니다.
긴 바늘이 한 바퀴 돌 때, 짧은 바늘은 숫자 1칸 (눈금 5칸) 갑니다.

아래 시계를 보고, 몇시 몇분인지 적으세요.

1 (시 분)

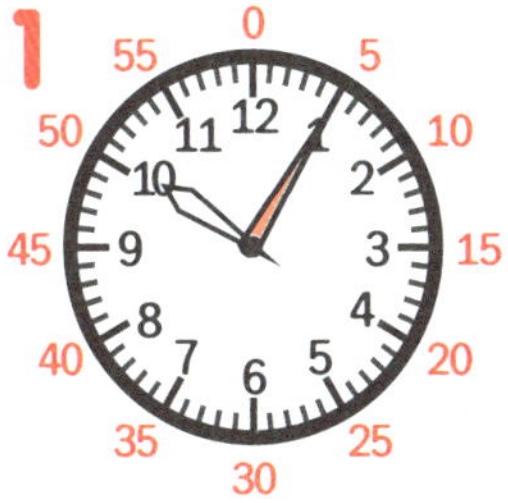

3 (시 분)

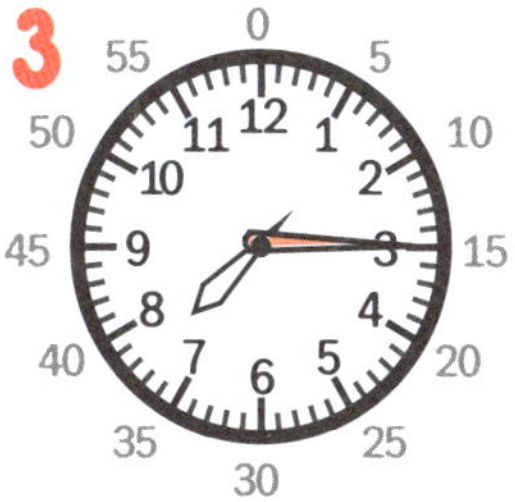

5 (시 분)

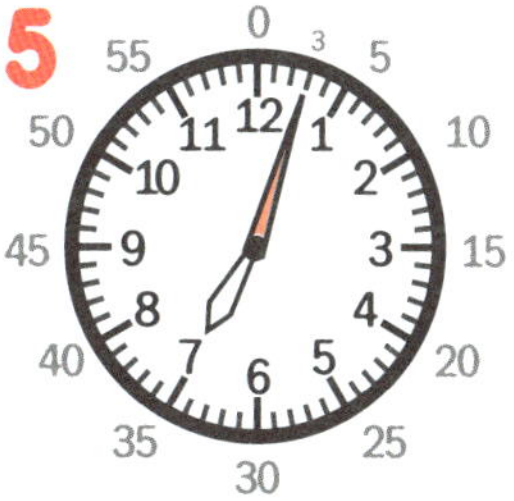

2 (시 분)

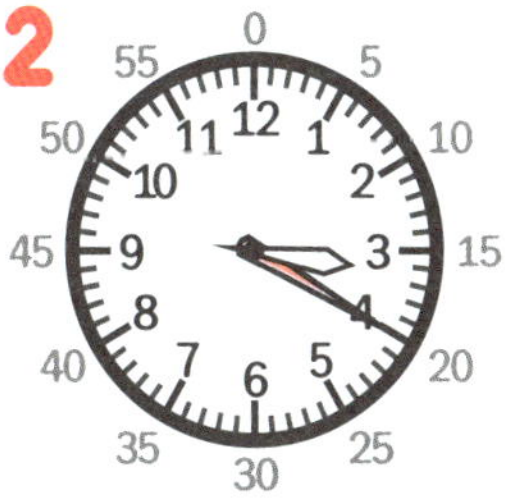

4 (시 분)

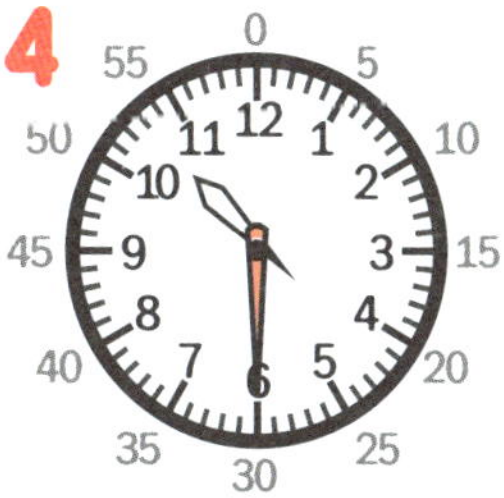

6 (시 분)

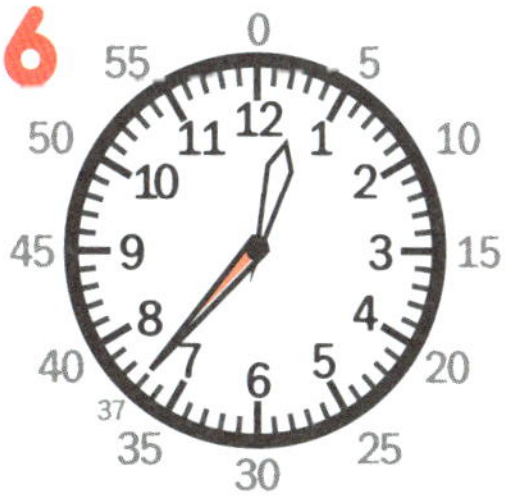

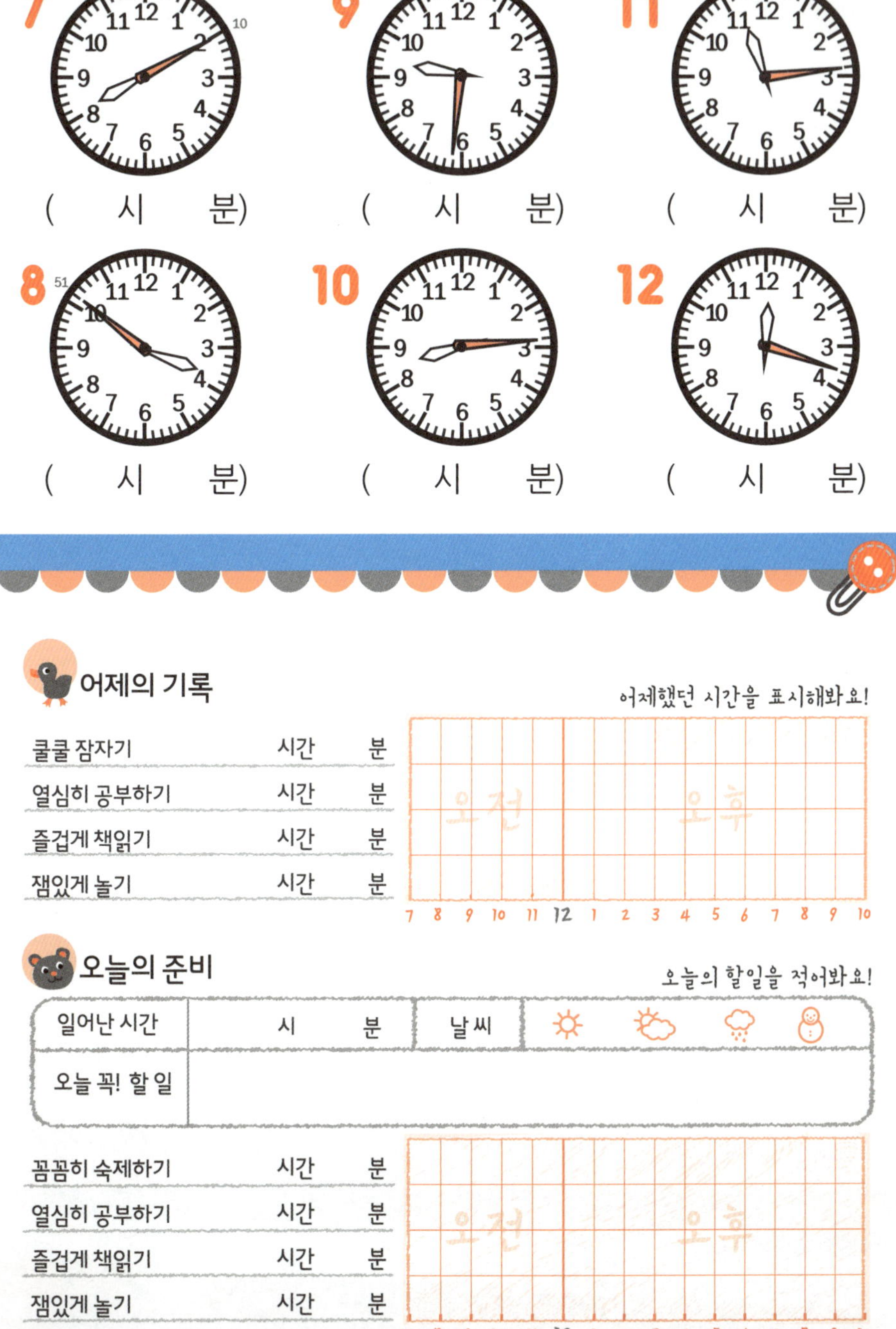

7 (시   분)

9 (시   분)

11 (시   분)

8 (시   분)

10 (시   분)

12 (시   분)

어제의 기록

어제했던 시간을 표시해봐요!

쿨쿨 잠자기	시간	분
열심히 공부하기	시간	분
즐겁게 책읽기	시간	분
잼있게 놀기	시간	분

오전   오후

7 8 9 10 11 12 1 2 3 4 5 6 7 8 9 10

오늘의 준비

오늘의 할일을 적어봐요!

일어난 시간	시	분	날씨	☀ ☁ 🌧 ☃
오늘 꼭! 할 일				

꼼꼼히 숙제하기	시간	분
열심히 공부하기	시간	분
즐겁게 책읽기	시간	분
잼있게 놀기	시간	분

오전   오후

7 8 9 10 11 12 1 2 3 4 5 6 7 8 9 10

50 시계 보는 방법(연습1)

몇시 몇분인지 보고, 시계의 바늘을 완성해 보세요.

1 1시 정각

4 10시 15분

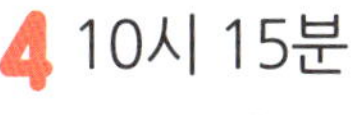

7 12시 40분

2 9시 30분

5 7시 20분

8 3시 25분

3 7시 25분

6 9시 5분

9 6시 50분

10 8시 5분

12 9시 15분

14 11시 10분

11 3시 55분

13 8시 45분

15 12시 30분

 어제의 기록

어제했던 시간을 표시해봐요!

쿨쿨 잠자기	시간	분
열심히 공부하기	시간	분
즐겁게 책읽기	시간	분
잼있게 놀기	시간	분

 오늘의 준비

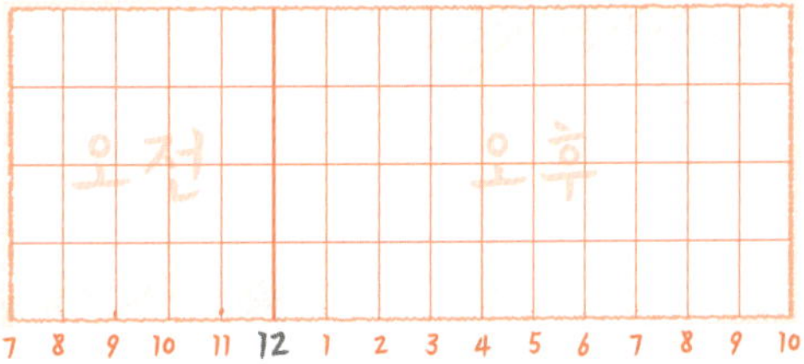

오늘의 할일을 적어봐요!

일어난 시간	시	분	날씨				
오늘 꼭! 할 일							

꼼꼼히 숙제하기	시간	분
열심히 공부하기	시간	분
즐겁게 책읽기	시간	분
잼있게 놀기	시간	분

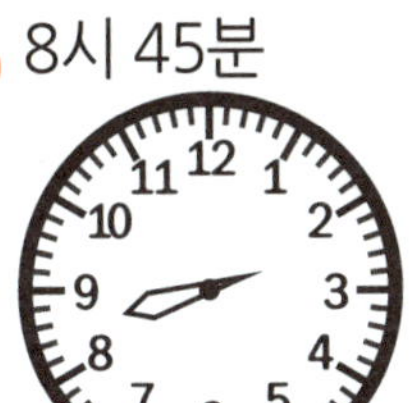

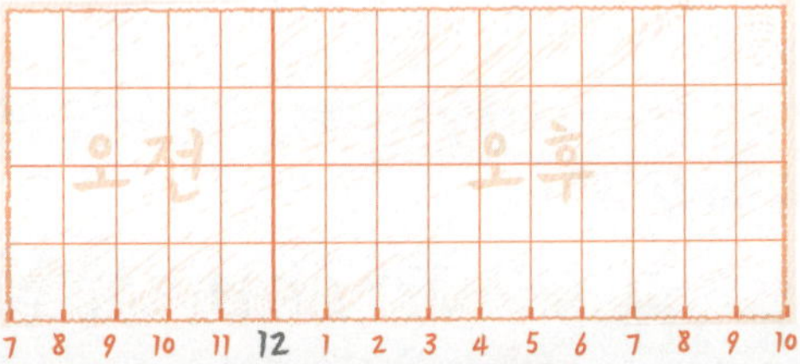

시계보는 방법 (연습2)

몇시 몇분인지 보고, 시계의 바늘을 완성해 보세요.

1 3시 정각

4 10시 16분

7 12시 41분

2 7시 30분

5 7시 22분

8 3시 26분

3 7시 27분

6 9시 42분

9 6시 52분

tip 시계의 눈금을 모두 세어보면 60개 입니다. 그래서 1시간은 60분입니다.

10 8시 4분 

12 9시 14분

14 11시 9분

11 3시 54분 

13 8시 39분

15 12시 28분

어제의 기록

어제했던 시간을 표시해봐요!

쿨쿨 잠자기	시간	분
열심히 공부하기	시간	분
즐겁게 책읽기	시간	분
잼있게 놀기	시간	분

오늘의 준비 

오늘의 할일을 적어봐요!

일어난 시간	시	분	날씨				
오늘 꼭! 할 일							

꼼꼼히 숙제하기	시간	분
열심히 공부하기	시간	분
즐겁게 책읽기	시간	분
잼있게 놀기	시간	분

52 10을 이용한 덧셈(1)

 **소리내 읽기**

9에 3을 더하는 방법

9와 3을 더하면 10이 넘습니다.
그래서 먼저 "10"을 만들어 계산합니다.
9가 10이 되기 위해 필요한 수는 1이므로
① 3을 1과 2로 가르고 ② 1을 9와 더해서 10을
만들고 ③ 남은 2를 일의 자리에 적어줍니다.
그러면 12가 됩니다.

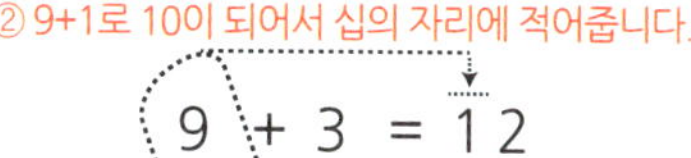

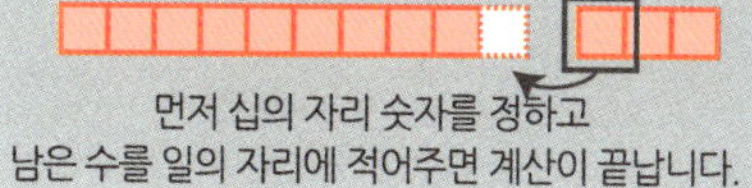

 **소리내 풀기**

위와 같은 방법으로 계산해 보세요.(가르고, 더해서 남은것을 적어줍니다.)

1 9 + 4 = ☐☐
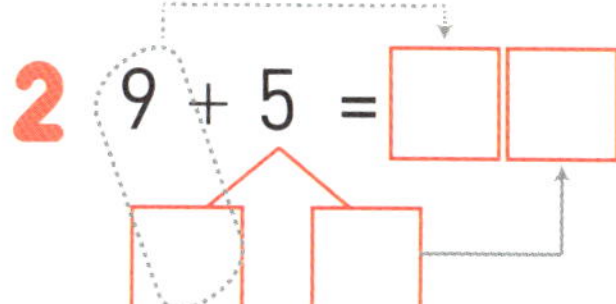

5 7 + 5 =

2 9 + 5 = ☐☐
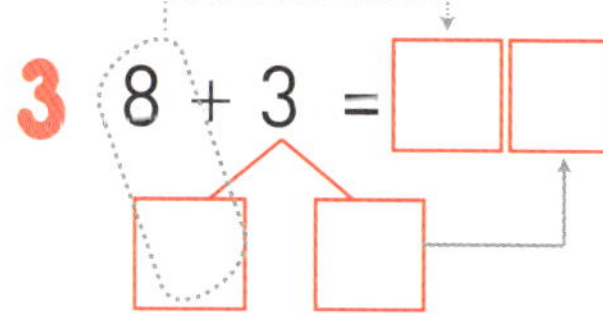

6 9 + 7 =

3 8 + 3 = ☐☐
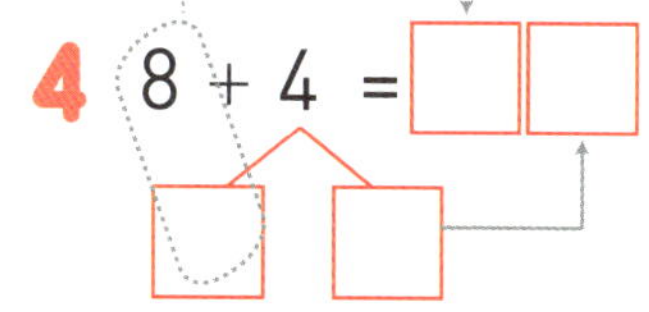

7 6 + 5 =

4 8 + 4 = ☐☐

8 9 + 1 =

17문제 중 문제 맞았어!

9 6 + 4 =

12 9 + 5 =

15 9 + 3 =

10 8 + 6 =

13 7 + 6 =

16 8 + 5 =

11 7 + 3 =

14 9 + 2 =

17 7 + 7 =

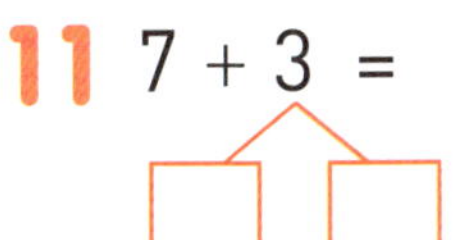 어제의 기록

어제했던 시간을 표시해봐요!

쿨쿨 잠자기	시간	분
열심히 공부하기	시간	분
즐겁게 책읽기	시간	분
잼있게 놀기	시간	분

오전 · 오후

7 8 9 10 11 12 1 2 3 4 5 6 7 8 9 10

오늘의 준비

오늘의 할일을 적어봐요!

일어난 시간	시	분	날씨	
오늘 꼭! 할 일				

꼼꼼히 숙제하기	시간	분
열심히 공부하기	시간	분
즐겁게 책읽기	시간	분
잼있게 놀기	시간	분

오전 · 오후

7 8 9 10 11 12 1 2 3 4 5 6 7 8 9 10

월 일
분 초

53 10을 이용한 덧셈(2)

3에서 9를 더하는 법

3과 9를 더하면 10이 넘습니다.
그래서 먼저 "10"을 만들어 계산합니다.
9가 10이 되기 위해 필요한 수는 1이므로
① 3을 2와 1로 가르고 ② 1을 9와 더해서 10을
만들고 ③ 남은 2를 일의 자리에 적어줍니다.
그러면 12가 됩니다.

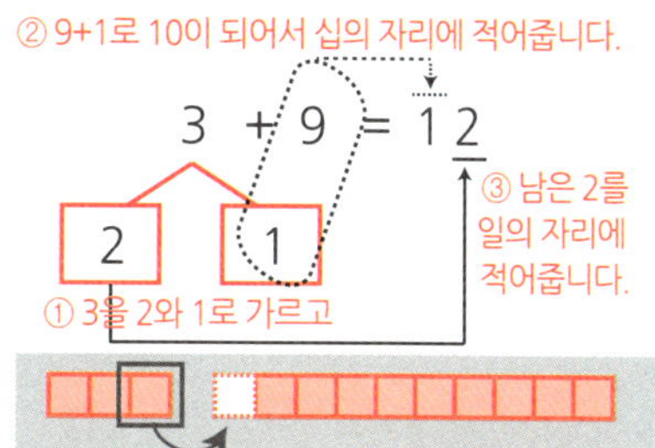

위와 같은 방법으로 계산해보세요. (가르고, 더해서 남은 것을 적어줍니다.)

1 $4 + 9 = $
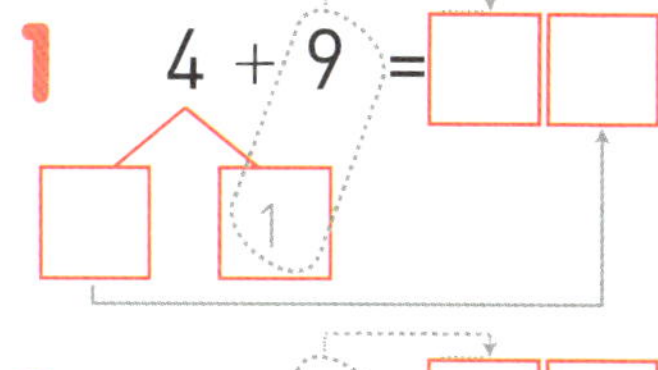

5 $5 + 7 = $

2 $5 + 9 = $
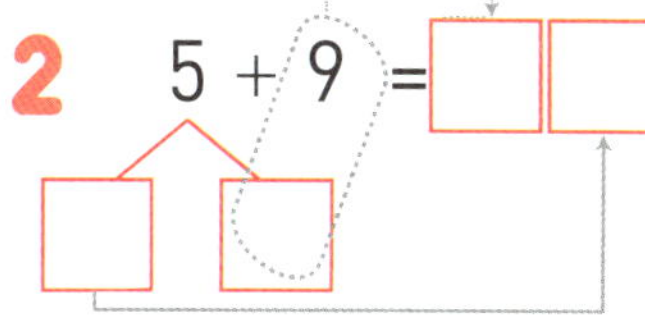

6 $7 + 9 = $

3 $3 + 8 = $
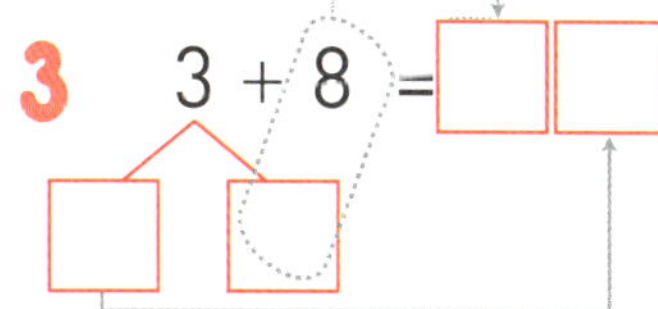

7 $5 + 6 = $

4 $4 + 8 = $
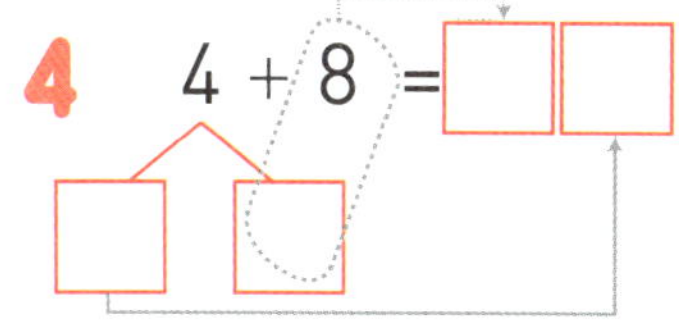

8 $1 + 9 = $

9 4 + 7 =

12 6 + 9 =

15 3 + 9 =

10 5 + 8 =

13 4 + 7 =

16 5 + 8 =

11 2 + 9 =

14 3 + 8 =

17 9 + 9 =

어제의 기록

어제했던 시간을 표시해봐요!

쿨쿨 잠자기	시간	분
열심히 공부하기	시간	분
즐겁게 책읽기	시간	분
잼있게 놀기	시간	분

7 8 9 10 11 12 1 2 3 4 5 6 7 8 9 10

오전 · 오후

오늘의 준비

오늘의 할일을 적어봐요!

일어난 시간	시	분	날씨				
오늘 꼭! 할 일							

꼼꼼히 숙제하기	시간	분
열심히 공부하기	시간	분
즐겁게 책읽기	시간	분
잼있게 놀기	시간	분

7 8 9 10 11 12 1 2 3 4 5 6 7 8 9 10

오전 · 오후

54 10을 이용한 덧셈(연습)

10이 되는 수로 갈라서 계산해 보세요.

1 9 + 4 =

2 9 + 6 =

3 8 + 4 =

4 8 + 6 =

5 7 + 5 =

6 9 + 7 =

7 9 + 4 =

8 9 + 6 =

9 4 + 8 =

10 6 + 8 =

11 6 + 7 =

12 8 + 8 =

13 3 + 8 =

14 9 + 5 =

15 6 + 9 =

16 9 + 8 =

17 6 + 8 =

18 7 + 4 =

tip 더 작은 수를 가르는 것이 계산이 쉽죠!!! (1번과 7번을 비교해 보세요)

21 문제 중 ___ 문제 맞았어!

119

19 $4 + 7 =$

20 $7 + 7 =$

21 $9 + 7 =$

 어제의 기록

어제했던 시간을 표시해봐요!

쿨쿨 잠자기	시간	분
열심히 공부하기	시간	분
즐겁게 책읽기	시간	분
잼있게 놀기	시간	분

오전   오후

7 8 9 10 11 12 1 2 3 4 5 6 7 8 9 10

 오늘의 준비

오늘의 할일을 적어봐요!

일어난 시간	시	분	날 씨				
오늘 꼭! 할일							

꼼꼼히 숙제하기	시간	분
열심히 공부하기	시간	분
즐겁게 책읽기	시간	분
잼있게 놀기	시간	분

오전   오후

7 8 9 10 11 12 1 2 3 4 5 6 7 8 9 10

 오늘의 나와 가장 가까운 답에 O표 하세요!

- ✦ 오늘의 기분은 어때요?　☐ 좋아요.　☐ 나빠요.　☐ 그냥 그래요.
- ✦ 아침밥을 먹었나요?　☐ 네.　☐ 아니요.
- ✦ 친구하고 사이좋게 지내고 있나요?　☐ 네.　☐ 아니요.
- ✦ 오늘도 힘찬 하루를 보낼 준비 됐나요?　☐ 네.　☐ 아니요.

55 10 먼저 빼기

소리내 읽기

13에서 9를 빼는 방법 (10 먼저 빼기)

뺄셈은 일의 자리부터 끼리끼리 빼 줍니다.
13은 십의자리 1과 일의 자리 3인 수이므로
13의 일의자리수 3에서 9를 뺄 수 없으므로
① 13을 3과 10으로 가르고 ② 10에서 9를
빼고 ③ 남은 3에 10−9의 값 1을 다시
더해줍니다. 그러면 4가 됩니다.

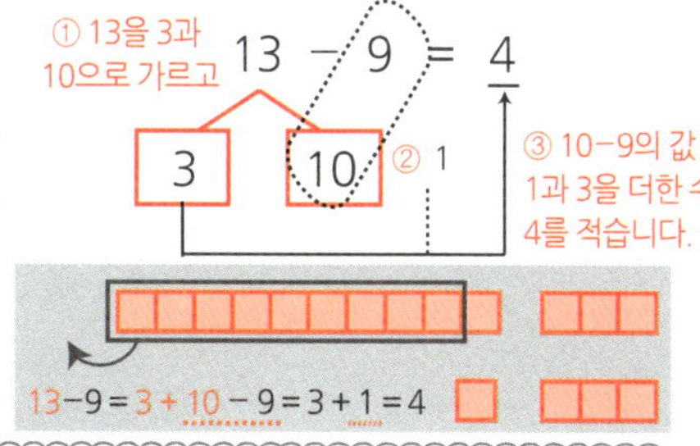

소리내 풀기

위와 같은 방법으로 계산해보세요. (가르고, 10에서 빼고, 남은 것을 합하세요.)

1 14 − 9 = ☐
4   10   1

2 15 − 9 = ☐

3 13 − 8 = ☐

4 14 − 8 = ☐

5 15 − 7 =

6 18 − 9 =

7 15 − 6 =

8 11 − 9 =

tip 더 큰 수를 뺄 수 없으므로 10에서 먼저 빼고 일의 자리를 더하는 방법입니다.

17문제 중 문제 맞았어!

9 14 − 7 =   **12** 16 − 9 =   **15** 13 − 9 =

10 15 − 8 =   **13** 14 − 7 =   **16** 15 − 8 =

11 12 − 9 =   **14** 13 − 8 =   **17** 12 − 3 =

어제의 기록

어제했던 시간을 표시해봐요!

쿨쿨 잠자기	시간	분
열심히 공부하기	시간	분
즐겁게 책읽기	시간	분
잼있게 놀기	시간	분

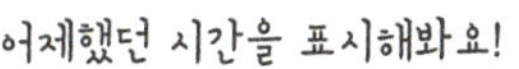

오늘의 준비

오늘의 할일을 적어봐요!

일어난 시간	시	분	날씨	☀ ☁ 🌧 ⛄
오늘 꼭! 할 일				

꼼꼼히 숙제하기	시간	분
열심히 공부하기	시간	분
즐겁게 책읽기	시간	분
잼있게 놀기	시간	분

56 10 만들어 빼기

13에서 9를 빼는 방법 (10 만들어 빼기)

뺄셈은 일의 자리부터 끼리끼리 빼 줍니다.
13은 십의자리 1과 일의 자리 3인 수이므로
13의 일의자리수 3에서 9를 뺄 수 없으므로
① 9를 13이 10이 되기 위한 수 3과 6으로
가르고 ② 13에서 3를 빼 10을 만듭니다.
③ 그 10에서 남은 6을 빼주면 4가 됩니다.

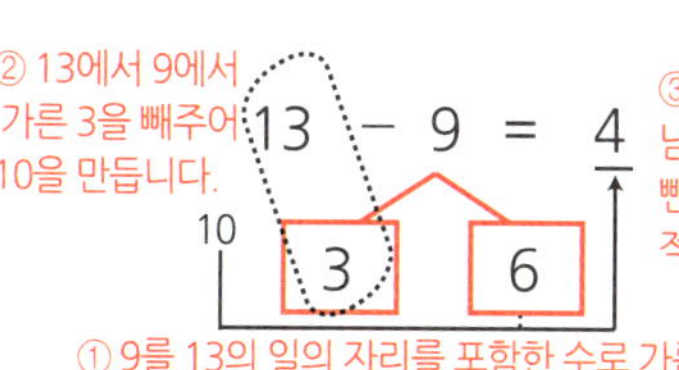

위와 같은 방법으로 계산해보세요.(갈라서, 10만들고, 남은것을 빼줍니다.)

1 $14 - 9 =$
10   4

2 $15 - 9 =$

3 $13 - 8 =$

4 $14 - 8 =$

5 $15 - 7 =$

6 $19 - 9 =$

7 $15 - 6 =$

8 $11 - 9 =$

9 14 − 7 =

12 16 − 9 =

15 13 − 9 =

10 15 − 8 =

13 14 − 7 =

16 15 − 8 =

11 12 − 9 =

14 13 − 8 =

17 12 − 3 =

 **어제의 기록**

어제했던 시간을 표시해봐요!

쿨쿨 잠자기	시간	분
열심히 공부하기	시간	분
즐겁게 책읽기	시간	분
잼있게 놀기	시간	분

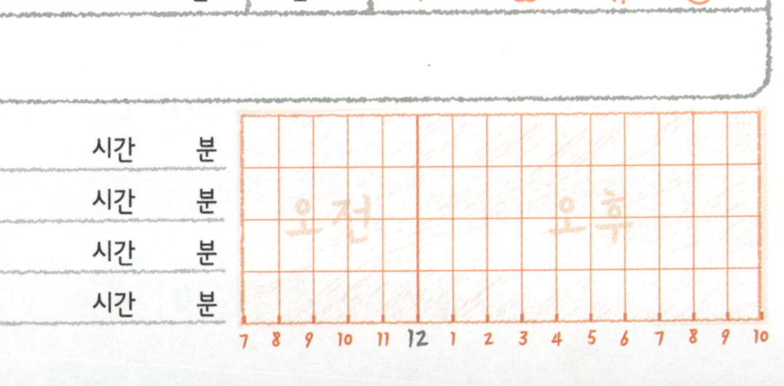

 **오늘의 준비**

오늘의 할일을 적어봐요!

| 일어난 시간 | 시 | 분 | 날씨 | ☀ ☁ 🌧 ⛄ |
| 오늘 꼭! 할 일 | | | | |

꼼꼼히 숙제하기	시간	분
열심히 공부하기	시간	분
즐겁게 책읽기	시간	분
잼있게 놀기	시간	분

57 10을 이용한 뺄셈(연습1)

소리내 풀기

앞에서 배운데로 10을 이용하여 계산해 보세요.

1 13 − 5 =

2 11 − 4 =

3 12 − 3 =

4 14 − 5 =

5 13 − 4 =

6 13 − 6 =

7 13 − 5 =

8 11 − 4 =

9 12 − 3 =

10 14 − 6 =

11 13 − 4 =

12 13 − 6 =

tip 두자리수 1◆는 10과 ◆로 가르고, 한자리수는 10을 만들기 위한 수로 가릅니다.

16문제 중 문제 맞았어!

13 14 − 6 =   **15** 17 − 9 =

14 12 − 5 =   **16** 13 − 7 =

 어제의 기록

어제했던 시간을 표시해봐요!

쿨쿨 잠자기   시간   분
열심히 공부하기   시간   분
즐겁게 책읽기   시간   분
잼있게 놀기   시간   분

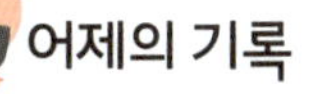 오늘의 준비

오늘의 할일을 적어봐요!

일어난 시간	시	분	날 씨				
오늘 꼭! 할일							

꼼꼼히 숙제하기   시간   분
열심히 공부하기   시간   분
즐겁게 책읽기   시간   분
잼있게 놀기   시간   분

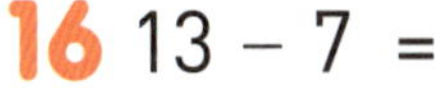 오늘의 나와 가장 가까운 답에 O표 하세요!

✦ 오늘의 기분은 어때요?   ☐ 좋아요.   ☐ 나빠요.   ☐ 그냥 그래요.

✦ 아침밥을 먹었나요?   ☐ 네.   ☐ 아니요.

✦ 친구하고 사이좋게 지내고 있나요?   ☐ 네.   ☐ 아니요.

✦ 오늘도 힘찬 하루를 보낼 준비 됐나요?   ☐ 네.   ☐ 아니요.

앞에서 배운데로 10을 이용하여 계산해 보세요.

1 $12 - 5 =$ ☐

7 $14 - 9 =$ ☐

2 $14 - 5 =$

8 $16 - 9 =$

3 $14 - 7 =$

9 $14 - 8 =$

4 $11 - 3 =$

10 $16 - 8 =$

5 $11 - 2 =$

11 $15 - 7 =$

6 $13 - 5 =$

12 $17 - 9 =$

tip 십몇의 수는 이제 너무 쉽죠 ^^ 20, 30, ...도 같은 방법으로 계산합니다.

16 문제 중 ☐ 문제 맞았어!

13 15 − 9 =   **15** 14 − 8 =

14 12 − 7 =   **16** 13 − 6 =

 어제의 기록

어제했던 시간을 표시해봐요!

쿨쿨 잠자기	시간	분
열심히 공부하기	시간	분
즐겁게 책읽기	시간	분
잼있게 놀기	시간	분

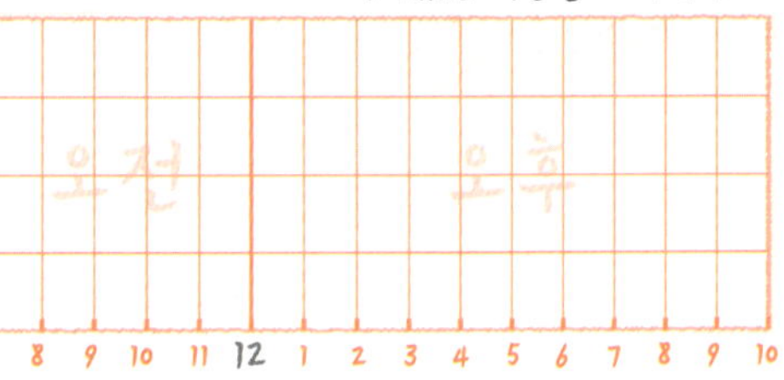

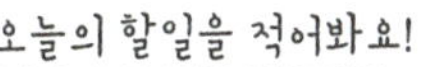 오늘의 준비

오늘의 할일을 적어봐요!

일어난 시간	시	분	날 씨				
오늘 꼭! 할 일							

꼼꼼히 숙제하기	시간	분
열심히 공부하기	시간	분
즐겁게 책읽기	시간	분
잼있게 놀기	시간	분

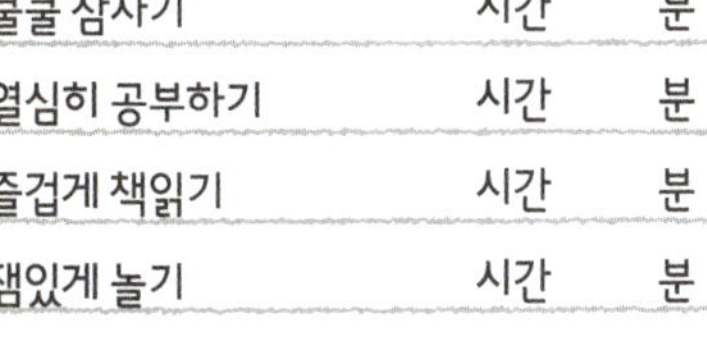

 오늘의 나와 가장 가까운 답에 O표 하세요!

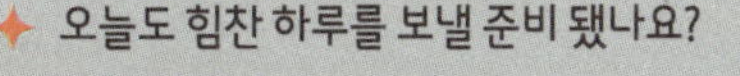

- ✦ 오늘의 기분은 어때요? □ 좋아요. □ 나빠요. □ 그냥 그래요.
- ✦ 아침밥을 먹었나요? □ 네. □ 아니요.
- ✦ 친구하고 사이좋게 지내고 있나요? □ 네. □ 아니요.
- ✦ 오늘도 힘찬 하루를 보낼 준비 됐나요? □ 네. □ 아니요.

□ 안에 알맞은 수를 적으세요.

$23 + 24$
$=$
$47 - 5$
$=$
42

$14 + 23$
$=$
5 $\square - 3$
$=$
6 $\square$

$22 + 41$
$=$
11 $\square - 11$
$=$
12 $\square$

$15 + 22$
$=$
1 $\square - 7$
$=$
2 $\square$

$27 + 32$
$=$
7 $\square - 8$
$=$
8 $\square$

$31 + 21$
$=$
13 $\square - 21$
$=$
14 $\square$

$28 - 2$
$=$
3 $\square + 3$
$=$
4 $\square$

$41 - 11$
$=$
9 $\square + 6$
$=$
10 $\square$

$43 - 12$
$=$
15 $\square + 17$
$=$
16 $\square$

17 32 → (+ 27) → ☐ **18** ☐ → (− 35) → ☐ **19** 56 → (+ 42) → ☐ **20** ☐ → (− 66) → ☐

어제의 기록

어제했던 시간을 표시해봐요!

쿨쿨 잠자기	시간	분
열심히 공부하기	시간	분
즐겁게 책읽기	시간	분
잼있게 놀기	시간	분

7 8 9 10 11 12 1 2 3 4 5 6 7 8 9 10

오늘의 준비

오늘의 할일을 적어봐요!

일어난 시간	시	분	날 씨	☀ ☁ 🌧 ⛄
오늘 꼭! 할일				

꼼꼼히 숙제하기	시간	분
열심히 공부하기	시간	분
즐겁게 책읽기	시간	분
잼있게 놀기	시간	분

7 8 9 10 11 12 1 2 3 4 5 6 7 8 9 10

오늘의 나와 가장 가까운 답에 O표 하세요!

◆ 오늘의 기분은 어때요? ☐ 좋아요. ☐ 나빠요. ☐ 그냥 그래요.

◆ 아침밥을 먹었나요? ☐ 네. ☐ 아니요.

◆ 친구하고 사이좋게 지내고 있나요? ☐ 네. ☐ 아니요.

◆ 오늘도 힘찬 하루를 보낼 준비 됐나요? ☐ 네. ☐ 아니요.

60 세 수의 계산 (연습6)

 소리내 풀기

☐ 안에 알맞은 수를 적으세요.

23 + 44 = 67 - 25 = 42

54 + 13 = **5** ☐ - 25 = **6** ☐

26 + 41 = **11** ☐ - 55 = **12** ☐

35 + 42 = **1** ☐ - 47 = **2** ☐

61 + 13 = **7** ☐ - 42 = **8** ☐

72 + 24 = **13** ☐ - 83 = **14** ☐

38 - 12 = **3** ☐ + 23 = **4** ☐

52 - 41 = **9** ☐ + 18 = **10** ☐

68 - 34 = **15** ☐ + 23 = **16** ☐

tip 더해서 나오게 되는 수가 더 큰 수입니다. 27+2=29 (29가 27보다 큽니다.)

20 문제 중 ☐ 문제 맞았다!

+ 16 17
− 57 18
+ 32 19
− 73 20

72
64

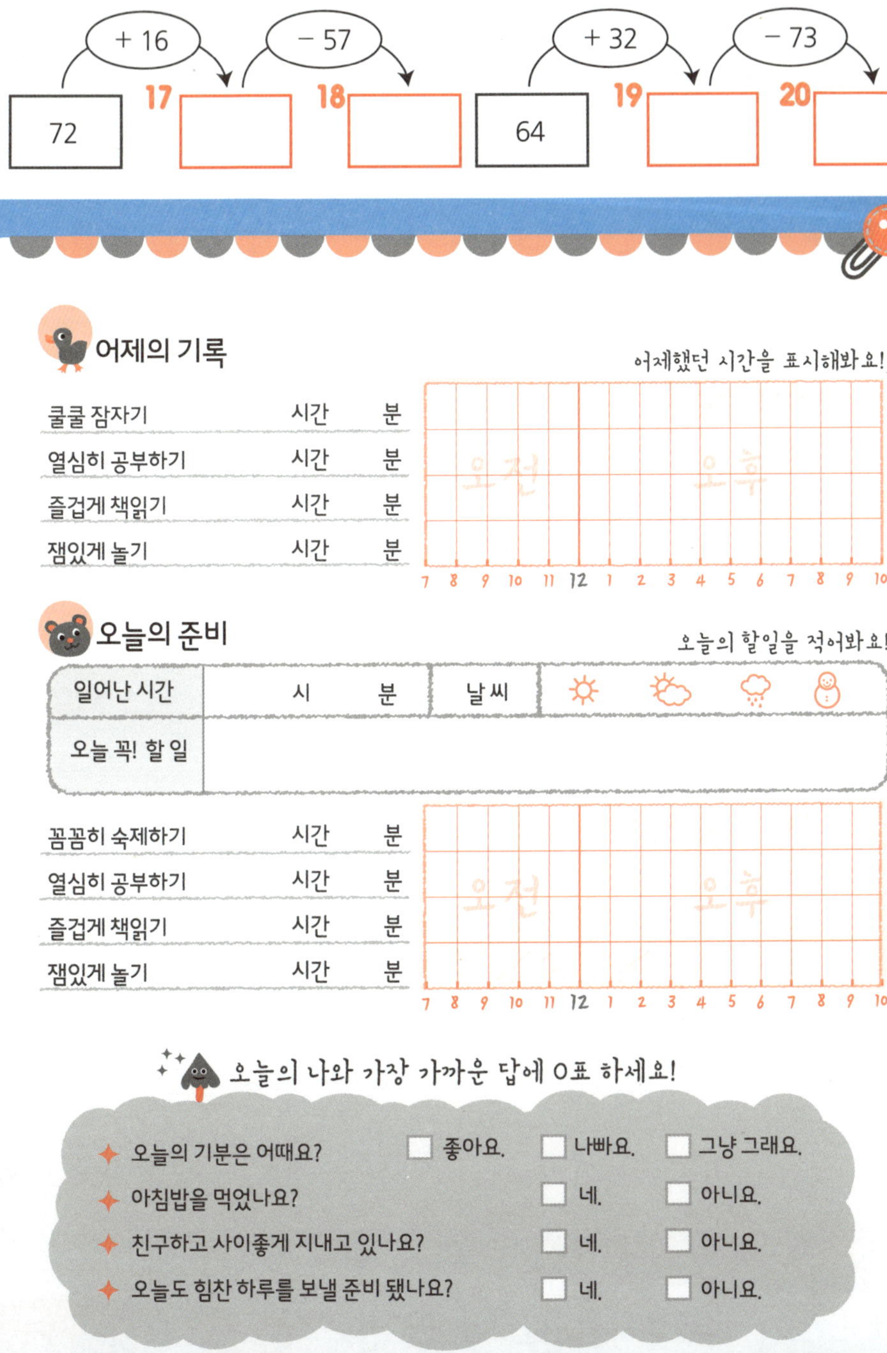

어제의 기록

어제했던 시간을 표시해봐요!

쿨쿨 잠자기	시간	분
열심히 공부하기	시간	분
즐겁게 책읽기	시간	분
잼있게 놀기	시간	분

7 8 9 10 11 12 1 2 3 4 5 6 7 8 9 10

오늘의 준비

오늘의 할일을 적어봐요!

일어난 시간	시	분	날 씨				
오늘 꼭! 할 일							

꼼꼼히 숙제하기	시간	분
열심히 공부하기	시간	분
즐겁게 책읽기	시간	분
잼있게 놀기	시간	분

7 8 9 10 11 12 1 2 3 4 5 6 7 8 9 10

오늘의 나와 가장 가까운 답에 O표 하세요!

◆ 오늘의 기분은 어때요?　　☐ 좋아요.　☐ 나빠요.　☐ 그냥 그래요.

◆ 아침밥을 먹었나요?　　☐ 네.　☐ 아니요.

◆ 친구하고 사이좋게 지내고 있나요?　☐ 네.　☐ 아니요.

◆ 오늘도 힘찬 하루를 보낼 준비 됐나요?　☐ 네.　☐ 아니요.

연습1 갈라서 더하기

앞의 수나 뒤의 수가 10이 되는 수로 갈라 계산해 보세요.

1 6 + 4 =

2 7 + 6 =

3 9 + 4 =

4 7 + 6 =

5 8 + 5 =

6 6 + 7 =

7 7 + 4 =

8 6 + 6 =

9 8 + 9 =

10 9 + 8 =

11 5 + 7 =

12 7 + 8 =

13 8 + 8 =

14 7 + 5 =

15 9 + 9 =

16 6 + 8 =

17 7 + 8 =

18 8 + 4 =

18 문제 중 ◯ 문제 맞았어!

Mon 월 일
분 초

연습2 갈라서 빼기

소리내 풀기

지정한 수를 갈라서 빼기를 해 봅니다.

1 11 − 5 = □

7 14 − 8 = □

13 14 − 6 = □

2 13 − 5 =

8 16 − 7 =

14 16 − 9 =

3 14 − 7 =

9 14 − 5 =

15 14 − 5 =

4 11 − 6 =

10 16 − 9 =

16 16 − 8 =

5 11 − 5 =

11 15 − 8 =

17 15 − 9 =

6 17 − 9 =

12 15 − 7 =

18 17 − 8 =

18 문제 중 ◯ 문제 맞았어!

아래를 계산해 보세요.

1	2 0 + 4	6	3 0 + 2 0	11	2 1 + 4 3
2	3 0 + 2	7	4 2 + 5 0	12	1 3 + 6 4
3	5 2 + 6	8	6 9 + 2 0	13	3 2 + 5 3
4	7 1 + 8	9	8 5 + 1 0	14	8 5 + 1 4
5	6 2 + 5	10	7 0 + 2 2	15	5 6 + 2 3

연습4 100까지 수 빼기

월 일
분 초

소리내 풀기 아래를 계산해 보세요.

1

	1	5
−		4

2

	5	7
−		2

3

	2	9
−		6

4

	4	6
−		3

5

	3	8
−		5

6

	5	0
−	4	0

7

	6	2
−	5	0

8

	7	9
−	2	0

9

	9	5
−	1	0

10

	8	7
−	2	0

11

	7	8
−	7	3

12

	8	6
−	6	4

13

	6	9
−	5	3

14

	5	7
−	1	4

15

	4	3
−	2	3

15 문제 중 문제 맞았어!

아래를 계산해 보세요.

1 20 + 7 =	**11** 50 + 12 =
2 50 + 8 =	**12** 40 + 23 =
3 6 + 20 =	**13** 40 + 46 =
4 1 + 90 =	**14** 29 + 30 =
5 3 + 80 =	**15** 82 + 10 =
6 40 + 10 =	**16** 61 + 10 =
7 70 + 20 =	**17** 14 + 15 =
8 40 + 40 =	**18** 41 + 23 =
9 60 + 30 =	**19** 56 + 42 =
10 50 + 10 =	**20** 65 + 11 =

20 문제 중 ◯ 문제 맞았어!

월 일
분 초

연습6 100까지수 빼기

아래를 계산해 보세요.

1 60 − 10 =	**11** 47 − 5 =
2 70 − 20 =	**12** 55 − 2 =
3 30 − 30 =	**13** 79 − 7 =
4 60 − 50 =	**14** 63 − 3 =
5 90 − 20 =	**15** 82 − 1 =
6 83 − 10 =	**16** 37 − 12 =
7 42 − 30 =	**17** 59 − 16 =
8 25 − 10 =	**18** 76 − 26 =
9 56 − 40 =	**19** 59 − 49 =
10 71 − 60 =	**20** 67 − 53 =

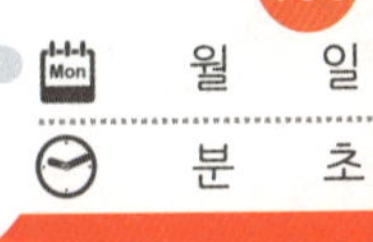

아래를 계산해 보세요.

$6 + 7$
$=$
1 ☐ $- 5$
$=$
2 ☐

$7 + 9$
$=$
7 ☐ $- 8$
$=$
8 ☐

$9 + 7$
$=$
13 ☐ $- 9$
$=$
14 ☐

$4 + 8$
$=$
3 ☐ $- 6$
$=$
4 ☐

$8 + 5$
$=$
9 ☐ $- 7$
$=$
10 ☐

$5 + 6$
$=$
15 ☐ $- 4$
$=$
16 ☐

$12 - 6$
$=$
5 ☐ $+ 7$
$=$
6 ☐

$11 - 5$
$=$
11 ☐ $+ 8$
$=$
12 ☐

$13 - 7$
$=$
17 ☐ $+ 9$
$=$
18 ☐

18 문제 중 ◯ 문제 맞았어!

월 일
분 초

연습8 혼합계산

아래를 계산해 보세요.

소리내 풀기

$26 + 3$
1 ☐
$- 5$
2 ☐

$13 + 14$
7 ☐
$- 12$
8 ☐

$25 + 32$
13 ☐
$- 46$
14 ☐

$37 + 1$
3 ☐
$- 6$
4 ☐

$46 + 12$
9 ☐
$- 34$
10 ☐

$52 + 27$
15 ☐
$- 37$
16 ☐

$57 - 12$
5 ☐
$+ 23$
6 ☐

$69 - 25$
11 ☐
$+ 31$
12 ☐

$46 - 31$
17 ☐
$+ 44$
18 ☐

18 문제 중 ☐ 문제 맞았어!

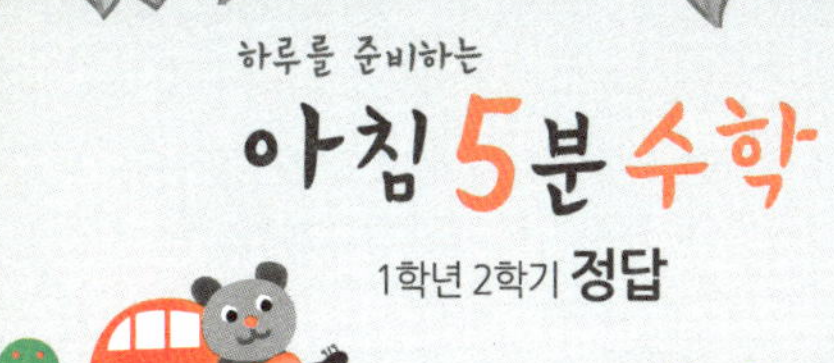

하루를 준비하는 아침 **5분 수학**

1학년 2학기 정답

01 ① 12 ② 16 ③ 24 ④ 29 ⑤ 35 ⑥ 38 ⑦ 43 ⑧ 47 ⑨ 52 ⑩ 19 ⑪ 26 ⑫ 20 ⑬ 32 ⑭ 35

02 ① 17 ② 36 ③ 22 ④ 2,3 ⑤ 3,4 ⑥ 4,6 ⑦ 0,9 ⑧ 50 ⑨ 6 ⑩ 10 ⑪ 4,0 ⑫ 10

03 ① 63 ② 67 ③ 74 ④ 73 ⑤ 86 ⑥ 88 ⑦ 95 ⑧ 99 ⑨ 66 ⑩ 88 ⑪ 78 ⑫ 70 ⑬ 70 ⑭ 100

04 ① 63 ② 72 ③ 86 ④ 7,8 ⑤ 8,1 ⑥ 9,2 ⑦ 8,0 ⑧ 70 ⑨ 70 ⑩ 80 ⑪ 9,0 ⑫ 10

05 ① 41 ② 42 ③ 42 ④ 54 ⑤ 54 ⑥ 63 ⑦ 63 ⑧ 49 ⑨ 48 ⑩ 48 ⑪ 48 ⑫ 93,87 ⑬ 82,84 ⑭ 90 ⑮ 91

06 ① 19 ② 29 ③ 39 ④ 41 ⑤ 59 ⑥ 68 ⑦ 17 ⑧ 17 ⑨ 29 ⑩ 25 ⑪ 49 ⑫ 90 ⑬ 42 ⑭ 62 ⑮ 71 ⑯ 91 ⑰ 99 ⑱ 38 ⑲ 89 ⑳ 79 ㉑ 56 ㉒ 99

07 ① 66,1 ② 80,2 ③ 60,10 ④ 52,2 ⑤ 60,10 ⑥ 60,5 ⑦ 70,5 ⑧ 70,20 ⑨ 69,8 ⑩ 63,9 ⑪ 51,4 ⑫ 89,3

08 ① 68,52 ② 80,70 ③ 85,83 ④ 92,89 ⑤ 53 ⑥ 46 ⑦ 90,92 ⑧ 60,58 ⑨ 96,80 ⑩ 69,59 ⑪ 83,85,87 ⑫ 63,60,57

09 ① 13,15 ② 26,24 ③ 30,35,40 ④ 60,55,50 ⑤ 69,73 ⑥ 56,50 ⑦ 20,40 ⑧ 90,70,40 ⑨ 37,47,67 ⑩ 75,67,59

10 ① 14 ② 13 ③ 17 ④ 18 ⑤ 19 ⑥ 20 ⑦ 16 ⑧ 15 ⑨ 15 ⑩ 16 ⑪ 20 ⑫ 17 ⑬ 18 ⑭ 19 ⑮ 10,19 ⑯ 10,14 ⑰ 20,29 ⑱ 30,39

11 ① 16 ② 17 ③ 13 ④ 12 ⑤ 11 ⑥ 10 ⑦ 14 ⑧ 15 ⑨ 19 ⑩ 18 ⑪ 14 ⑫ 17 ⑬ 16 ⑭ 15 ⑮ 20,29 ⑯ 10,6 ⑰ 10,19 ⑱ 30,25

12 ① 6 ② 5 ③ 0 ④ 2 ⑤ 1 ⑥ 8 ⑦ 7 ⑧ 10 ⑨ 6 ⑩ 3 ⑪ 6 ⑫ 4 ⑬ 3 ⑭ 9 ⑮ 1 ⑯ 7 ⑰ 5 ⑱ 8

13 ① 9 ② 7 ③ 5 ④ 1 ⑤ 3 ⑥ 10 ⑦ 6 ⑧ 8 ⑨ 7 ⑩ 1 ⑪ 2 ⑫ 0 ⑬ 9 ⑭ 1 ⑮ 5 ⑯ 10 ⑰ 0 ⑱ 5 ⑲ 8 ⑳ 3 ㉑ 7

14 ① 6 ② 5 ③ 8 ④ 9 ⑤ 4 ⑥ 2 ⑦ 1 ⑧ 7 ⑨ 3 ⑩ 8 ⑪ 6 ⑫ 7 ⑬ 2 ⑭ 8 ⑮ 4 ⑯ 1 ⑰ 10 ⑱ 9 ⑲ 5 ⑳ 0 ㉑ 1

15 ① 3 ② 1 ③ 0 ④ 6 ⑤ 10 ⑥ 4 ⑦ 4 ⑧ 8 ⑨ 6 ⑩ 4 ⑪ 10,1 ⑫ 10,5

16 ① 5 ② 5 ③ 6 ④ 6 ⑤ 7 ⑥ 7 ⑦ 8 ⑧ 8 ⑨ 10 ⑩ 10 ⑪ 1,3 ⑫ 5,10 ⑬ 4,6 ⑭ 6,9 ⑮ 8,10 ⑯ 6,10

17 ① 5 ② 0 ③ 1 ④ 10 ⑤ 4 ⑥ 1 ⑦ 10 ⑧ 8 ⑨ 3 ⑩ 10 ⑪ 10 ⑫ 5 ⑬ 3 ⑭ 3 ⑮ 6 ⑯ 10 ⑰ 6 ⑱ 0 ⑲ 5 ⑳ 8 ㉑ 2 ㉒ 1 ㉓ 10 ㉔ 10 ㉕ 10 ㉖ 8 ㉗ 10 ㉘ 0

18 ① 7 ② 0 ③ 8 ④ 9 ⑤ 17 ⑥ 14 ⑦ 14 ⑧ 12 ⑨ 14 ⑩ 19 ⑪ 26 ⑫ 24 ⑬ 30 ⑭ 21 ⑮ 21 ⑯ 28 ⑰ 3 ⑱ 0 ⑲ 10 ⑳ 7 ㉑ 16 ㉒ 11 ㉓ 20 ㉔ 12 ㉕ 30 ㉖ 28 ㉗ 30 ㉘ 23

채점까지 혼자 스스로 합니다.

1학년 2학기 **정답**

19
① 20 ② 60 ③ 80 ④ 70 ⑤ 60 ⑥ 70
⑦ 40 ⑧ 90 ⑨ 60 ⑩ 50 ⑪ 70 ⑫ 90
⑬ 90 ⑭ 90 ⑮ 70 ⑯ 50 ⑰ 90 ⑱ 90
⑲ 90 ⑳ 80 ㉑ 80 ㉒ 80 ㉓ 70 ㉔ 100

20
① 11 ② 42 ③ 53 ④ 25 ⑤ 32 ⑥ 61
⑦ 13 ⑧ 36 ⑨ 24 ⑩ 32 ⑪ 43 ⑫ 27
⑬ 81 ⑭ 18 ⑮ 68 ⑯ 39 ⑰ 67 ⑱ 76
⑲ 82 ⑳ 51 ㉑ 68 ㉒ 77 ㉓ 65 ㉔ 89

21
① 13 ② 25 ③ 35 ④ 26 ⑤ 36 ⑥ 26
⑦ 17 ⑧ 37 ⑨ 26 ⑩ 35 ⑪ 45 ⑫ 29
⑬ 28 ⑭ 19 ⑮ 69 ⑯ 37 ⑰ 69 ⑱ 79
⑲ 87 ⑳ 56 ㉑ 69 ㉒ 79 ㉓ 68 ㉔ 89

22
① 23 ② 35 ③ 63 ④ 36 ⑤ 57 ⑥ 39
⑦ 46 ⑧ 57 ⑨ 36 ⑩ 65 ⑪ 65 ⑫ 59
⑬ 68 ⑭ 39 ⑮ 79 ⑯ 57 ⑰ 79 ⑱ 99
⑲ 97 ⑳ 66 ㉑ 89 ㉒ 99 ㉓ 78 ㉔ 99

23
① 20 ② 60 ③ 80 ④ 70 ⑤ 50 ⑥ 70
⑦ 40 ⑧ 70 ⑨ 90 ⑩ 80 ⑪ 36 ⑫ 24
⑬ 32 ⑭ 43 ⑮ 27 ⑯ 81 ⑰ 13 ⑱ 43
⑲ 54 ⑳ 62 ㉑ 61 ㉒ 45 ㉓ 52 ㉔ 83
㉕ 85 ㉖ 38 ㉗ 58 ㉘ 69 ㉙ 93 ㉚ 98

24
① 50 ② 40 ③ 60 ④ 90 ⑤ 80 ⑥ 71
⑦ 83 ⑧ 46 ⑨ 77 ⑩ 59 ⑪ 63 ⑫ 42
⑬ 23 ⑭ 34 ⑮ 72 ⑯ 91 ⑰ 92 ⑱ 93
⑲ 57 ⑳ 45 ㉑ 74 ㉒ 57 ㉓ 75 ㉔ 92
㉕ 91 ㉖ 69 ㉗ 68 ㉘ 68 ㉙ 88 ㉚ 87

25
① 20 ② 20 ③ 20 ④ 10 ⑤ 10 ⑥ 50
⑦ 30 ⑧ 30 ⑨ 10 ⑩ 10 ⑪ 10 ⑫ 60
⑬ 70 ⑭ 10 ⑮ 50 ⑯ 10 ⑰ 30 ⑱ 50
⑲ 70 ⑳ 20 ㉑ 40 ㉒ 60 ㉓ 20 ㉔ 60

26
① 11 ② 21 ③ 32 ④ 22 ⑤ 32 ⑥ 24
⑦ 11 ⑧ 32 ⑨ 20 ⑩ 31 ⑪ 42 ⑫ 22
⑬ 26 ⑭ 10 ⑮ 67 ⑯ 33 ⑰ 65 ⑱ 75
⑲ 83 ⑳ 54 ㉑ 67 ㉒ 70 ㉓ 60 ㉔ 82

27
① 21 ② 11 ③ 21 ④ 12 ⑤ 31 ⑥ 31
⑦ 32 ⑧ 13 ⑨ 10 ⑩ 23 ⑪ 24 ⑫ 2
⑬ 46 ⑭ 41 ⑮ 56 ⑯ 3 ⑰ 55 ⑱ 52
⑲ 77 ⑳ 44 ㉑ 40 ㉒ 50 ㉓ 4 ㉔ 71

28
① 0 ② 20 ③ 20 ④ 30 ⑤ 10 ⑥ 50
⑦ 0 ⑧ 10 ⑨ 10 ⑩ 40 ⑪ 61 ⑫ 72
⑬ 51 ⑭ 81 ⑮ 91 ⑯ 80 ⑰ 91 ⑱ 30
⑲ 55 ⑳ 61 ㉑ 41 ㉒ 5 ㉓ 32 ㉔ 43
㉕ 65 ㉖ 16 ㉗ 13 ㉘ 23 ㉙ 57 ㉚ 71

29
① 30 ② 0 ③ 0 ④ 20 ⑤ 40 ⑥ 60
⑦ 50 ⑧ 20 ⑨ 0 ⑩ 10 ⑪ 31 ⑫ 21
⑬ 37 ⑭ 43 ⑮ 21 ⑯ 86 ⑰ 51 ⑱ 73
⑲ 55 ⑳ 64 ㉑ 46 ㉒ 12 ㉓ 44 ㉔ 56
㉕ 74 ㉖ 5 ㉗ 22 ㉘ 24 ㉙ 21 ㉚ 20

30
① 31 ② 43 ③ 55 ④ 67 ⑤ 76 ⑥ 84
⑦ 92 ⑧ 60 ⑨ 66 ⑩ 87 ⑪ 79 ⑫ 95
⑬ 47 ⑭ 58

31
① 36 ② 45 ③ 58 ④ 68 ⑤ 78 ⑥ 89
⑦ 94 ⑧ 64 ⑨ 68 ⑩ 89 ⑪ 75 ⑫ 97
⑬ 48 ⑭ 58

32
① 40 ② 70 ③ 90 ④ 80 ⑤ 90 ⑥ 90
⑦ 90 ⑧ 90 ⑨ 80 ⑩ 90 ⑪ 90 ⑫ 70
⑬ 70 ⑭ 90

33
① 46 ② 76 ③ 98 ④ 88 ⑤ 97 ⑥ 95
⑦ 98 ⑧ 99 ⑨ 88 ⑩ 96 ⑪ 99 ⑫ 77
⑬ 78 ⑭ 98

34
① 24 ② 32 ③ 56 ④ 78 ⑤ 38 ⑥ 48
⑦ 67 ⑧ 88 ⑨ 50 ⑩ 80 ⑪ 90 ⑫ 80
⑬ 40 ⑭ 70 ⑮ 64 ⑯ 78 ⑰ 98 ⑱ 47
⑲ 85 ⑳ 39 ㉑ 99

35
① 48 ② 78 ③ 79 ④ 89 ⑤ 72 ⑥ 66
⑦ 76 ⑧ 96 ⑨ 55 ⑩ 87 ⑪ 97 ⑫ 87
⑬ 49 ⑭ 79 ⑮ 66 ⑯ 77 ⑰ 82 ⑱ 98
⑲ 79 ⑳ 77 ㉑ 96

36 ① 34 ② 41 ③ 52 ④ 66 ⑤ 74 ⑥ 81 ⑦ 90 ⑧ 64 ⑨ 61 ⑩ 82 ⑪ 72 ⑫ 91 ⑬ 42 ⑭ 54

37 ① 20 ② 10 ③ 10 ④ 40 ⑤ 50 ⑥ 70 ⑦ 40 ⑧ 0 ⑨ 40 ⑩ 70 ⑪ 30 ⑫ 40 ⑬ 40 ⑭ 10

38 ① 22 ② 14 ③ 13 ④ 42 ⑤ 51 ⑥ 75 ⑦ 10 ⑧ 4 ⑨ 46 ⑩ 78 ⑪ 31 ⑫ 44 ⑬ 40 ⑭ 5

39 ① 21 ② 34 ③ 53 ④ 71 ⑤ 32 ⑥ 40 ⑦ 61 ⑧ 81 ⑨ 30 ⑩ 20 ⑪ 50 ⑫ 20 ⑬ 27 ⑭ 22 ⑮ 23 ⑯ 22 ⑰ 24 ⑱ 27 ⑲ 4 ⑳ 40 ㉑ 13

40 ① 43 ② 54 ③ 53 ④ 74 ⑤ 30 ⑥ 23 ⑦ 54 ⑧ 51 ⑨ 31 ⑩ 25 ⑪ 53 ⑫ 13 ⑬ 21 ⑭ 25 ⑮ 42 ⑯ 33 ⑰ 52 ⑱ 44 ⑲ 30 ⑳ 4 ㉑ 10

41 ① 17 ② 0 ③ 16 ④ 39 ⑤ 37 ⑥ 24 ⑦ 19 ⑧ 1 ⑨ 25 ⑩ 39 ⑪ 36 ⑫ 10 ⑬ 47 ⑭ 24 ⑮ 43 ⑯ 59 ⑰ 76 ⑱ 64 ⑲ 95 ⑳ 22

42 ① 89 ② 82 ③ 77 ④ 88 ⑤ 79 ⑥ 49 ⑦ 98 ⑧ 10 ⑨ 80 ⑩ 86 ⑪ 78 ⑫ 57 ⑬ 98 ⑭ 81 ⑮ 10 ⑯ 41 ⑰ 93 ⑱ 72 ⑲ 86 ⑳ 70

43 ① 6,10 ② 10,6 ③ 7,22 ④ 22,7 ⑤ 16,10 ⑥ 10,16 ⑦ 15,32 ⑧ 32,15 ⑨ 6,42,   42,6 ⑩ 16,61,   61,16 ⑪ 12,52, 52,12 ⑫ 10,77,   77,10

44 ① 6,16 ② 10,16 ③ 9,39 ④ 30,39 ⑤ 6,10 ⑥ 4,10 ⑦ 7,28 ⑧ 21,28 ⑨ 6,48,   42,48 ⑩ 16,77,   61,77 ⑪ 12,64, 52,64 ⑫ 10,87,   77,87

45 ① 4,16,   16,4 ② 10,9,   9,10 ③ 14,6   6,14 ④ 13,25,   25,13 ⑤ 4,20,   16,20 ⑥ 9,19,   10,19 ⑦ 23,27,   4,27 ⑧ 13,29,   16,29 ⑨ 14,52,   52,14 ⑩ 27,62,   62,27 ⑪ 61,72,   11,72 ⑫ 30,49,   19,49

46

26	27	28	29
25	26	27	28
24	25	26	27

17	16	15	14
16	15	14	13
15	14	13	12

㉔ 33 ㉕ 20 ㉖ 64 ㉗ 52

47

29	25	28	27
47	43	46	45
58	54	57	56

12	14	11	15
35	37	34	38
23	25	22	26

㉔ 88 ㉕ 45 ㉖ 99 ㉗ 10

48 ① 10,00 ② 3,00 ③ 7,30 ④ 10,30 ⑤ 7,00 ⑥ 12,30 ⑦ 8,00 ⑧ 4,00 ⑨ 9,30 ⑩ 8,30 ⑪ 11,00 ⑫ 12,00

49 ① 10,5 ② 3,20 ③ 7,15 ④ 10,30 ⑤ 7,3 ⑥ 12,37 ⑦ 8,10 ⑧ 3,51 ⑨ 9,31 ⑩ 8,14 ⑪ 11,14 ⑫ 12,18

50 긴바늘의 위치(시계의 숫자) ① 12 ② 6 ③ 5 ④ 3 ⑤ 4 ⑥ 1 ⑦ 8 ⑧ 5 ⑨ 10 ⑩ 1 ⑪ 11 ⑫ 3 ⑬ 9 ⑭ 2 ⑮ 6

51 긴바늘의 위치(시계의 숫자) ① 12 ② 6 ③ 5에서 2칸 ④ 3에서 1칸 ⑤ 4에서 2칸 ⑥ 8에서 2칸 ⑦ 8에서 1칸 ⑧ 5에서 1칸 ⑨ 10에서 2칸 ⑩ 12에서 4칸 ⑪ 10에서 4칸 ⑫ 2에서 4칸 ⑬ 7에서 4칸 ⑭ 1에서 4칸 ⑮ 5에서 3칸

52 ① (1,3) 13 ② (1,4) 14 ③ (2,1) 11 ④ (2,2) 12 ⑤ (3,2) 12 ⑥ (1,6) 16 ⑦ (4,1) 11 ⑧ (1,0) 10 ⑨ (4,0) 10 ⑩ (2,4) 14 ⑪ (3,0) 10 ⑫ (1,4) 14 ⑬ (3,3) 13 ⑭ (1,1) 11 ⑮ (1,2) 12 ⑯ (2,3) 13 ⑰ (3,4) 14

53
① (3,1) 13 ② (4,1) 14 ③ (1,2) 11
④ (2,2) 12 ⑤ (2,3) 12 ⑥ (6,1) 16
⑦ (1,4) 11 ⑧ (0,1) 10 ⑨ (1,3) 11
⑩ (3,2) 13 ⑪ (1,1) 11 ⑫ (5,1) 15
⑬ (1,3) 11 ⑭ (1,2) 11 ⑮ (2,1) 12
⑯ (3,2) 13 ⑰ (8,1) 18

54
① (1,3) 13 ② (1,5) 15 ③ (2,2) 12
④ (2,4) 14 ⑤ (3,2) 12 ⑥ (1,6) 16
⑦ (3,6) 13 ⑧ (5,4) 15 ⑨ (2,2) 12
⑩ (4,2) 14 ⑪ (3,3) 13 ⑫ (6,2) 16
⑬ (1,2) 11 ⑭ (1,4) 14 ⑮ (5,1) 15
⑯ (1,7) 17 ⑰ (4,2) 14 ⑱ (3,1) 11
⑲ (1,3) 11 ⑳ (4,3) 14 ㉑ (6,3) 16

55
① (4,10) 5 ② (5,10) 6 ③ (3,10) 5
④ (4,10) 6 ⑤ (5,10) 8 ⑥ (8,10) 9
⑦ (5,10) 9 ⑧ (1,10) 2 ⑨ (4,10) 7
⑩ (5,10) 7 ⑪ (2,10) 3 ⑫ (6,10) 7
⑬ (4,10) 7 ⑭ (3,10) 5 ⑮ (3,10) 4
⑯ (5,10) 7 ⑰ (2,10) 9

56
① (4,5) 5 ② (5,4) 6 ③ (3,5) 5
④ (4,4) 6 ⑤ (5,2) 8 ⑥ (9,0) 10
⑦ (5,1) 9 ⑧ (1,8) 2 ⑨ (4,3) 7
⑩ (5,3) 7 ⑪ (2,7) 3 ⑫ (6,3) 7
⑬ (4,3) 7 ⑭ (3,5) 5 ⑮ (3,6) 4
⑯ (5,3) 7 ⑰ (2,1) 9

57
① (3,10) 8 ② (1,10) 7 ③ (2,10) 9
④ (4,10) 9 ⑤ (3,10) 9 ⑥ (3,10) 7
⑦ (3,2) 8 ⑧ (1,3) 7 ⑨ (2,1) 9
⑩ (4,2) 8 ⑪ (3,1) 9 ⑫ (3,3) 7
⑬ 8 ⑭ 7 ⑮ 8 ⑯ 6

58
① (2,10) 7 ② (4,10) 9 ③ (4,10) 7
④ (1,10) 8 ⑤ (1,10) 9 ⑥ (3,10) 8
⑦ (4,5) 5 ⑧ (6,3) 7 ⑨ (4,4) 6 ⑩ (6,2) 8
⑪ (5,2) 8 ⑫ (7,2) 8 ⑬ 6 ⑭ 5 ⑮ 6 ⑯ 7

59
① 37 ② 30 ③ 26 ④ 29 ⑤ 37 ⑥ 34
⑦ 59 ⑧ 51 ⑨ 30 ⑩ 36 ⑪ 63 ⑫ 52
⑬ 52 ⑭ 31 ⑮ 31 ⑯ 48 ⑰ 59 ⑱ 24
⑲ 98 ⑳ 32

60
① 77 ② 30 ③ 26 ④ 49 ⑤ 67 ⑥ 42
⑦ 74 ⑧ 32 ⑨ 11 ⑩ 29 ⑪ 67 ⑫ 12
⑬ 96 ⑭ 13 ⑮ 34 ⑯ 57 ⑰ 88 ⑱ 31
⑲ 96 ⑳ 23

연습 1
① (4,0) 10 ② (3,3) 13 ③ (1,3) 13
④ (3,3) 13 ⑤ (2,3) 13 ⑥ (4,3) 13
⑦ (1,6) 11 ⑧ (2,4) 12 ⑨ (7,1) 17
⑩ (7,2) 17 ⑪ (2,3) 12 ⑫ (5,2) 15
⑬ (6,2) 16 ⑭ (3,2) 12 ⑮ (8,1) 18
⑯ (4,4) 14 ⑰ (5,2) 15 ⑱ (2,2) 12

연습 2
① (1,10) 6 ② (3,10) 8 ③ (4,10) 7
④ (1,10) 5 ⑤ (1,10) 6 ⑥ (7,10) 8
⑦ (4,4) 6 ⑧ (6,1) 9 ⑨ (4,1) 9
⑩ (6,3) 7 ⑪ (5,3) 7 ⑫ (5,2) 8
⑬ (4,2) 8 ⑭ (6,3) 7 ⑮ (4,1) 9
⑯ (6,2) 8 ⑰ (5,4) 6 ⑱ (7,1) 9

연습 3
① 24 ② 32 ③ 58 ④ 79 ⑤ 67 ⑥ 50
⑦ 92 ⑧ 89 ⑨ 95 ⑩ 92 ⑪ 64 ⑫ 77
⑬ 85 ⑭ 99 ⑮ 79

연습 4
① 11 ② 55 ③ 23 ④ 43 ⑤ 33 ⑥ 10
⑦ 12 ⑧ 59 ⑨ 85 ⑩ 67 ⑪ 5 ⑫ 22
⑬ 16 ⑭ 43 ⑮ 20

연습 5
① 27 ② 58 ③ 26 ④ 91 ⑤ 83 ⑥ 50
⑦ 90 ⑧ 80 ⑨ 90 ⑩ 60 ⑪ 62 ⑫ 63
⑬ 86 ⑭ 59 ⑮ 92 ⑯ 71 ⑰ 29 ⑱ 64
⑲ 98 ⑳ 76

연습 6
① 50 ② 50 ③ 0 ④ 10 ⑤ 70 ⑥ 73
⑦ 12 ⑧ 15 ⑨ 16 ⑩ 11 ⑪ 42 ⑫ 53
⑬ 72 ⑭ 60 ⑮ 81 ⑯ 25 ⑰ 43 ⑱ 50
⑲ 10 ⑳ 14

연습 7
① 13 ② 8 ③ 12 ④ 6 ⑤ 6 ⑥ 13 ⑦ 16
⑧ 8 ⑨ 13 ⑩ 6 ⑪ 6 ⑫ 14 ⑬ 16 ⑭ 7
⑮ 11 ⑯ 7 ⑰ 6 ⑱ 15

연습 8
① 29 ② 24 ③ 38 ④ 32 ⑤ 45 ⑥ 68
⑦ 27 ⑧ 15 ⑨ 58 ⑩ 24 ⑪ 44 ⑫ 75
⑬ 57 ⑭ 11 ⑮ 79 ⑯ 42 ⑰ 15 ⑱ 59